天元数学文化丛书

数 苑 趣 谈

万精油 著

科 学 出 版 社
北 京

内 容 简 介

把数学思维应用到日常生活中可以比较容易看到事物的本质。这里所说的数学思维并不是具体的解决数学问题、证明或运算，而是数学中的逻辑思路、推理方法的一般应用。数学思维是一种生活习惯。这本书收录了作者多年以来的数学杂文，以讲故事的形式展现生活中与数学有关的趣事、处理方法，比如面试中的数学问题，赌场里的数学思路，或者电影中的逻辑问题等等。听故事，不需要太多数学基础，但相信读了这些文章，对读者养成数学思维的习惯会有帮助。

本书可供所有对数学和数学文化感兴趣的读者阅读，也可供数学教育工作者参考。

图书在版编目(CIP)数据

数苑趣谈/万精油著. —北京：科学出版社，2021.8
（天元数学文化丛书）
ISBN 978-7-03-068812-5

Ⅰ.①数… Ⅱ.①万… Ⅲ.①数学–普及读物 Ⅳ.①O1-49

中国版本图书馆 CIP 数据核字(2021) 第 094073 号

责任编辑：王丽平 孙翠勤／责任校对：杨聪敏
责任印制：赵 博／封面设计：无极书装

科学出版社 出版
北京东黄城根北街 16 号
邮政编码：100717
http://www.sciencep.com

北京中科印刷有限公司印刷
科学出版社发行 各地新华书店经销

*

2021 年 8 月第 一 版　开本：720×1000　1/16
2025 年 1 月第五次印刷　印张：14
字数：270 000
定价：98.00 元
(如有印装质量问题，我社负责调换)

丛书编委会

主　编　汤　涛
编　委　蒋春澜　刘建亚　乔建永
　　　　王　杰　叶向东　袁亚湘
　　　　张继平　周向宇

丛书序

数学是研究数量、结构、空间、变化的学问。数学的研究方法是从少许自明的公理出发，用逻辑演绎的方法，推导出新的结论；这些新的结论被称为定理。由此看出，数学有别于其他科学，是一种独特的文化存在。高斯说：数学是科学的女王。这个女王，至少具备真善美三项优秀品质。这个女王的地位，是由数学的真理性保证的。数学之善，这已经为大众所熟知，在当今科技飞速发展的时代发挥着越来越重要的作用。数学之美，正如罗素所说：只有这门最伟大的艺术，才能显示出最严格的完美。

数学文化，是指数学这门学问存在以及发展的方式。狭义的数学文化，包含数学的思想、精神、方法、观点、语言，以及它们的形成和发展；广义的数学文化，更包含数学家、数学史、数学发展中的人文成分、数学与各种文化的关系，等等。基本的数学能力，比如掌握加减法，是一个人智力是否正常的基本判别条件，而归纳与演绎能力，是一个人智力水平的必要标尺。因此，数学文化是人类文化基本且重要的组成部分。正是由于数学文化的这种基本且重要的特性，数学文化的传播对于科普育人也同样有着基本且重要的意义。

在过去半个世纪，社会发展的需求成为应用数学突飞猛进的主因。航空路径优化加速了运筹学的发展；保险业的兴起加大了精算的需求；制药公司的崛起带动了生物统计的发展；金融市场的壮大促进了金融数学的发展。很多企业为了提高效益，不断从数学中吸取能量，我国的华为就是崇尚数学之美、享受数学福利的典型代表。近二十年来，华为和中、俄、法、土耳其数学家紧密合作，走完了中国移动通信技术从 4G 并跑到 5G 领跑的光辉历程。一百年前，数学还集中在证明定理、攻克猜想的"田径"时代，但现代应用数学的发展，包括计算数学、金融数学、数据科学、系统科学、人工智能的发展，已让数学进入了"大球"时代。"大球"实力是体现一个国家现代数学水平的重要标志。如何吸引读者接触到更多与时俱进的数学科普文章，如何加快我国数学从"田径"时代进入"大球"时代，是摆在我们这代数学科普人面前的挑战，也将是本丛书探索的一个重要课题。

进入 21 世纪以来，尤其是近十年来，数学文化的研究与传播欣欣向荣，既涌现出优秀的数学文化类杂志，也出现了很多的优秀数学科普书籍。与以上这些作品相比，本丛书自有特色。本丛书致力于一手的数学文化传播，即由在数学基础理论和/或应用研究方面具有丰富实战经验的数学家，而不是数学评论家，亲自著述并倾力传播数学文化。丛书以大众语言阐述数学的真善美，我们希望具有中等数学水平的读者可以看懂；当然，具有更高数学修养的读者，会有更多的收获。另一方面，因为是一手的数学文化传播，我们希望丛书对于专业数学研究者和教育者也有启发。

  本丛书的出版，承蒙国家自然科学委员会数学天元基金的大力支持，在此谨致以诚挚谢意。

"天元数学文化丛书"编委会

2021 年 1 月

序

《数学文化》(http://www.global-sci.org/mc) 于 2010 年正式创刊，刊物近十年的发展比我们开始的预测还要好，这主要得益于刊物有一个小而精的作者队伍。记得创刊号的文章只有少数的作者不是编委，非编委作者里面就有此书作者游志平博士，他贡献了两篇文章：《坐地日行八万里——近代数学在航天飞行中的应用》和《数学史上的一桩错案》。当然按照游博士一贯的风格，他的文章用的是笔名：万精油。

志平在《数学文化》的前七八年中，几乎每期都有文章，并长期主持了"数学趣谈"这个栏目。大概一两年前，他告诉我想休息一两年，我觉得合情合理，正好他也可以静下心来，把这几年的心血整理成书。因为有马拉松、羽毛球、围棋这些爱好，多点富裕时间对他来说并不容易。因此，今天此书的出版，也是他暂时停笔《数学文化》的一个副产品。同时我很高兴地看到此书的很多文章都出自志平博士为《数学文化》写的文章。

《数学文化》目前已经催生了三本书，卢昌海的《黎曼猜想漫谈》(清华大学出版社，2012 年)，蒋迅、王淑红的《数学都知道》(北京师范大学出版社，2017 年)，以及即将由科学出版社出版的志平博士的大作。

常言道：以文会友。因为办刊，我结识了许多数学文化方面的写手，包括志平博士。记得四五年前，我在哈佛培训的时候，利用周末去他在波士顿的家里拜访，得到志平夫妇的热情接待，他们还带我去波士顿一家品牌川菜馆美餐了一顿。我们还有在湖南衡山相会的美好记忆。办刊的同时能够交友，这是人生的幸事。

志平四川大学数学系毕业，是中国科学院数学研究所硕士，美国马里兰大学博士，他数学根基雄厚，理解问题深刻、独到，对复杂问题的描述深入浅出，再加上行文流畅、文笔幽默，使得此书有很强的可读性。我强烈推荐此书给广大的数学爱好者，我深信大家通过此书一定能享受到阅读数学的乐趣！

汤 涛
中国科学院院士
北京师范大学–香港浸会大学联合国际学院
2021 年 1 月 10 日

前言

从 1993 年开始，我用万精油这个笔名在网上发表文章，小说、杂文、游记、科普，各种类型都有。20 多年来，累计数百篇。由于我的专业是数学，我的文章有相当一部分都与数学有关：数学科普、数学历史、数学大会报道、数学札记等。不少文章被到处转发，两年前有出版社与我联系，说是要把我这些文章中与数学有关的收集起来，出一本数学科普杂文集。我当时觉得可行性不大，主要是觉得我写文章没有什么规范，想到什么写什么，没有主干，很难把这些东西融合在一起。最近我的大学同学建立了一个微信群，毕业 30 多年的同学有很多都不了解彼此近来的动向。我在群里贴了几篇我过去的文章，算是做一个自我介绍。没想到反响很好，好几个同学建议我把这些文章收集在一起出一个集子，认为这些东西都与数学有关，可以说数学就是它们的主干，理工科的大学生及毕业生、喜爱数学的高中生都应该会喜欢这些文章。如此看来，这些文章还是有一定市场的。于是我开始从我的文章中挑出一些与数学相关的文章，把它们归类到一起。

选出来的文章分几大类。近期的文章好些都是这些年我在《数学文化》杂志当特邀作者时写的，比如《三生万物》《枪打出头鸟》等。另一类是我在网络杂志《国风》办"灵机一动"专栏时的系列文章。其他就是这些年零散写的，大部分都贴在我自己的网站和新语丝网站的读书论坛上，比如《坐地日行八万里》《人机对话》等，其中，《坐地日行八万里》获新语丝科普文学奖。《数学文化》与《国风》的文章都有少许删节和改动，使得它们从那些系列中独立出来。其他文章基本维持原样。许多文章都写于将近 20 年前，好在数学的东西几百年也不会过时，所以，大部分文章可以不做任何改动。本书的前五篇总共收集了 40 篇文章，凑出一个 10 的倍数。

最后一篇是我的获奖小说《墨绿》。本来不应该把《墨绿》放在以数学杂文为主的集子里，现在把它归了进来，一方面因为它讲到许多人工智能的东西，许多读者告诉我，他们读《墨绿》很大程度是把它当科普文章在读，甚至有研究计算机围棋的网站把《墨绿》长期置顶，并介绍说任何想研究计算机围棋的人都应该先读一下《墨绿》。另外，集子里的《人机对话》提到的许多东西都与《墨绿》相关，我们可以把它看成《人机对话》的附录。

万精油

2020 年 12 月 28 日

目录

丛书序

序

前言

第一篇 科学普及——数学、统计、计算机 / 1

1.1 坐地日行八万里——近代数学在航天飞行中的应用 / 3

1.2 人机对话 / 7

1.3 数学与选举 / 14

1.4 两亿零两年的恐龙 / 17

1.5 降维攻击 / 21

1.6 扬长避短——极小极大 α-β 算法 / 27

第二篇 灵机一动——趣味题目背后的数学 / 35

2.1 三生万物 / 37

2.2 枪打出头鸟——三人决斗问题趣谈 / 46

2.3 装球问题 / 50

2.4 斐波那契和他的兔子们 / 52

2.5 一个有趣的数学扑克游戏 / 55

2.6 于无声处听惊雷 / 59

2.7 关于趣味数学 / 61

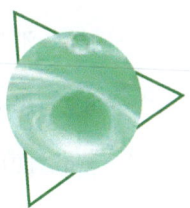

第三篇　开卷有益——评论汇集 / 63

3.1　书评：《打赢庄家》/ 65

3.2　白天鹅的反击——书评：《黑天鹅》/ 71

3.3　作家笔下的数学与数学家 / 76

3.4　讽刺幽默大师：汤姆·雷尔 / 79

3.5　书评：《经度》/ 84

第四篇　数学八卦——史事轶文 / 87

4.1　数学史上的一桩错案 / 89

4.2　游戏人生——纪念趣味数学大师马丁·伽德纳 (1914——2010) / 92

4.3　运交华盖欲何求 / 97

4.4　趣味题目专栏的八卦 / 100

4.5　数学竞赛及其他 / 102

第五篇　百花园——数学杂文 / 105

5.1　数学札记 / 107

5.2　中文在算术上的优势 / 116

5.3　爆炸性新闻 / 123

5.4　漫谈积分 / 127

5.5　关于小行星撞地球 / 132

5.6　消失在翻译中 / 134

5.7　愚人税 / 137

5.8　四度隔离 / 139

5.9　围棋与桥牌之难易 / 141

5.10　从数字看网球、羽毛球及乒乓球 / 145

5.11　几何与神 / 148

5.12　闲聊扑克 / 150

5.13　关于中医的一段对话 / 153

5.14　以有涯随无涯 / 159

5.15　π 日趣谈 / 166

5.16　上帝掷骰子——2008 年美国统计年会杂记 / 174

5.17　谁想当数学家？——2005 年美国数学年会杂记 / 182

第六篇　科幻小说 / 187

- 墨绿 / 189

第一篇

科学普及——数学、统计、计算机

1.1 坐地日行八万里——近代数学在航天飞行中的应用
1.2 人机对话
1.3 数学与选举
1.4 两亿零两年的恐龙
1.5 降维攻击
1.6 扬长避短——极小极大 α-β 算法

1.1 坐地日行八万里
——近代数学在航天飞行中的应用

小时候常常拿着星座图对着天空找星星。浩瀚的太空充满了神秘, 令人向往。对大多数爱好科学的青少年来说, 星际旅行是永恒的幻想之一。星球大战的科幻片把这些幻想实现在银幕上, 随便一个按钮就是 warp 速度 (超光速), 神奇无比。当然, 实际的情况并不是那么容易。别说恒星之间的旅行, 能游一游太阳系就已经很了不起了。20 世纪 60 年代末, 美国把人送上了月球, 算是迈出了第一步。阿姆斯特朗的名言 "一个人的一小步, 全人类的一大步" (One small step for a man, one giant leap for mankind) 传遍全球。后来美国又把探测器送上了火星, 人类开始向更远的地方前进了。

远距离航天的最大问题之一就是燃料问题, 这不仅是来回的燃料, 有时还有在远处几个星体之间穿行的燃料, 比如对木星的观测。木星有好多卫星, 其中一些卫星上被发现有水, 说不定可以居住, 所以对木星的卫星的研究很重要, 对它的每一个卫星我们都想观测。从一个卫星到另一个卫星如果完全靠燃料, 则需要很多, 总不能观测完一个就回地球来 "加油"。木星离我们太远, 跑一趟要好几年的时间, 如何解决燃料问题就成了太空飞行的当务之急。这本来是一个物理问题, 没想到竟然在近代数学的动力系统理论中找到了解。根据动力系统的理论, 太空中各星体产生的重力场在各星体间有 "传送带"。从一个星体到另一个星体几乎不需要燃料。靠着引力传送, 坐地日行 "八万里" 并不是天方夜谭, 而是已经经过实践验证的事实。写这篇文章的目的就是要把这个 "传送带" 的原理作一个简单的介绍。

对于航天飞行, 过去人们都单纯地只考虑二体问题。从地球出发, 这二体就是飞船和地球。到达月球, 这二体就是飞船与月球, 要从地球到月球, 根据两点之间直线距离最短的原则, 出了地球轨道就径直向月球飞去。后来考虑三体问题, 甚至多体问题, 人们意识到我们可以借助太空中星体的引力场来 "省油", 距离最短不见得最省燃料。在现实生活中, 我们出门开车, 稍微远一点就几乎肯定不会走最短线, 而是走高速公路。前面提到的这些传送带就相当于星际高速公路 (图 1.1), 而且这些高速公路不仅不收费, 连汽油都不用, 所以我把它们称为 "传送带"。这些传送带是怎么形成的呢？

数苑趣谈

图 1.1 星际高速公路

初中物理告诉我们,每个物体都受万有引力作用。我们处在地球,地球的引力最大,一切都只考虑地球的引力。当然,也有受别的引力影响的例子。比如海水的潮汐就受月球引力的影响,而我们地球本身的运行又主要是受太阳引力的影响。各个星体的万有引力在太空中形成一个重力场,每个星体运行几乎完全受这个重力场影响,靠近某个星体,该星体的引力就起主要作用,离它远一点,重力就小一点。现在我们考虑地球重心与月球重心的连线。离地球近的时候地球引力大,离月球近的时候月球引力大。中间必有一点两边重力相等,这一点叫不动点。实际上,由于地球和月球都在动,这一点也在跟着动,只不过相对位置不动而已。我们这里只是在地球重心与月球重心的连线上考虑,放宽到整个三维空间,实际上有一个经过这一点的曲面,在这曲面上月球与地球的重力相等。如果飞船在这个曲面上运行,既不会掉向地球,也不会掉向月球。当然,飞船只是在重心连线方向上不受地球和月球的重力影响。在垂直于连线的方向上仍然受其影响。如果它在连线之上,则地球与月球的合力把它向下拉,反之,则向上拉。同样,前后也有这样的影响,似乎是在这个不动点上有一个星体在吸引它做向心运动。事实上,采集太阳风的飞船 Genesis 就绕着太阳与地球之间这个质量为零的不动点转了两年多收集各种材料和情报,最后才回到地球。如果没有理论的研究,怎么能想象得出一个飞船会绕着一个空点转圈,飞船成了这个空点的卫星,这个轨道被称为光环轨道。像这样通过纯粹的理论研究然后在天体实践中得到验证,相当于 20 世纪初利用日食时观测到的星光弯曲来验证相对论,同样地令人惊叹,见图 1.2。

虽然这个空点有类似于"引力"的作用,但是,与一个有质量的星体不同,这个点它并不是在所有方向上都有"向心"的引力。在重心连线上它实际上相当于有排斥作用。靠地球方的掉向地球，靠月球方的掉向月球。这种同时有吸引和排斥作用的点，有时又被称为鞍点。数学家们对这种鞍点有过很深的研究。由这种鞍点引出来的不变曲线或曲面，在吸引方向上叫稳定流形，在排斥方向上叫不稳定流形。在太空中这些流形的表现形式就是一个个管道。从传送轨道的角度来说，鞍点比吸引点或者排斥点都更重要。如果用通常的语言，把排斥点看作山顶，吸引点看作山谷，那么，如果在山顶，一切东西都往下滑 (离开山顶)，没有东西进来。如果在山谷，一切东西都掉进来，没有东西出去，只有在 "鞍点"，有进有出。这才可以真正起到 "传送带" 的作用。

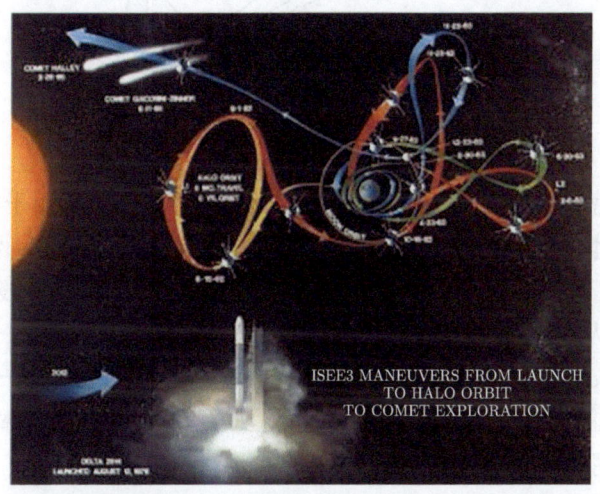

图 1.2　国际彗星探索者 (维基百科: International Cometary Explorer)

　　围绕两个天体与此相似的平衡点还有四个。我们前面讲的是 L_1，其他点依次被记为 L_2, L_3, L_4, L_5。有兴趣的读者可以到英文版维基百科的词条 Lagrange Point 下阅读更多有关它们的特性。一个很重要的发现是，太空中由这些点的稳定与不稳定流形管道组成一个网络。飞船在这些管道中飞行，只需要借助引力而不需要任何燃料就可以从一个点附近飞到另一个点附近。做一些小小的方向操作 (用一些燃料)，又可以搭上另一个管道去另一个点。这样在太空中穿行，虽然不一定省时间，但更省燃料。这些平衡点仿佛成了这些高速公路的中转站。

　　数学家们在研究这些体系的时候，有时为了几何直观或便于讨论，把三维的问题通过一些变换 (比如用庞加莱映射) 化成二维问题来研究。我们可以用下面这个二维图来解释一下走远路省燃料的问题 (图 1.3)。假设要想从平衡点 P_1 走到

P_3，如果走最短直线，则是逆着重力场走，要费很多燃料。如果沿着重力场管道从 P_1 走到 P_2 附近，通过小方向操作，再搭上通往 P_3 的管道，从 P_1 到 P_3 就可以几乎不用燃料了。

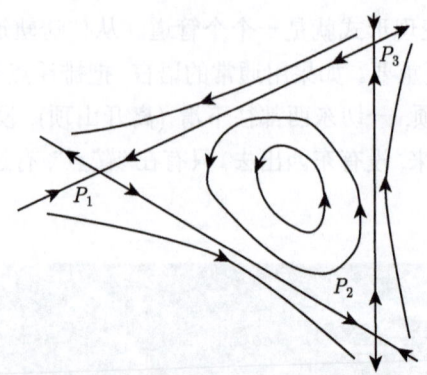

图 1.3　走远路省燃料问题的二维图解释

这套太空管道网络理论不是局限于纸上谈兵，而是已经被用于实践。20 世纪 90 年代初，日本曾送出两个飞船去观测月球。原定计划是 A 飞船留在地球轨道上作信号传递工作，B 飞船去月球轨道。但由于技术问题，B 飞船没能进入月球轨道。如果直接从地球轨道送 A 飞船去月球轨道，A 飞船燃料不够，于是喷气推进实验室 (Jet Propulsion Laboratory, JPL) 的人为 A 飞船设计了一条利用管道网络走远路去月球的方案，成功地把 A 飞船送到了月球轨道，使日本成了全球第三个把飞船送到月球轨道的国家。

目前，美国正在设计一个在木星各卫星之间利用管道穿行的方案，从而使飞船不用返回地球加燃料，直接在木星各卫星之间跳来跳去做观测。

中国的"神舟七号"已经上天了，以后还会有八号、九号等等。还会去月球，去火星、木星。这方面的研究人员可以大派用场。有志青年可以在这方面多做研究，把飞船送向太空深处，实现"巡天遥看一千河"的梦想。

(2009 年 10 月 31 日于波士顿)

参 考 文 献

[1] http://www.gg.caltech.edu/~mwl/publications/papers/dynamicalThreeBocly.pdf.

1.2　人机对话

"人战胜了机器",这是本周美国围棋协会电子杂志的一个小标题。说是一个职业五段在九乘九的棋盘上以二比一战胜围棋程序 MOGO。读到这里,稍微有一点围棋程序常识的人或许会问,有没有搞错?这说的是围棋程序吗?最好的围棋程序不是都要被让十几子的吗?不会是国际象棋或五子棋吧?或者又是墨绿那样的虚幻东西。千真万确,这是实实在在的围棋程序,不是只存在于虚幻世界里的墨绿。

说到墨绿,就必须要提到深蓝甚或它的前辈,浅蓝或者淡黄。我们还是从头说起。

让计算机下棋一直都是人工智能的一个重要课题。先是简单的跳棋、五子棋之类的,再到后来的国际象棋、围棋。虽说这些程序属于人工智能范畴,但实际上它们并没有多少"智"的部分,主要部分都是在可行范围内搜索。各种研究也大都是怎样使搜索更快更有效。它们缺乏"智"的部分的根本原因是,我们自己就不是太清楚人类以怎样的形式思考。比如你写一个名字问一个计算机系主任,这人是不是他系里的教授。系主任马上就可以回答是或不是。如果你以同样问题问计算机,计算机也可以马上正确地回答是或不是。但计算机的方式是把这个名字与这个系里所有名字比较以后得出的答案。计算机搜索很快,全走一遍几乎可以瞬间完成。但我们知道系主任是不可能在短时间内把系里所有教授的名单过一遍的。类似的问题还可以更进一步,如果有人拿一张照片问你这辈子有没有见过这个人。一般情况下,你会很快告诉他有或没有。可是我们不能想象你在短时间内把你这辈子(包括孩提时代)见过的人都检查一遍。那么你是怎样得出结论的呢?我们对此还不是完全清楚。

懂计算机算法的人会说,计算机也不用把全部名单走一遍。它可以用一种映射,拿到名字后直接到映射位置找这个人 (所谓 Hash Table),或者把东西分类按类别排除,几下就找到相应的位置 (比如 K-D Tree),或者在各种目标间加上大大小小的连接,然后按连接排序。诸如此类的聪明方法都是人类在不懂得自己怎样思维的情况下设计出来的,试图达到人类的思维效果。这些方法有用也很有效,在很多方面都有应用,但当要搜索的空间实在太大 (做表已经行不通) 时,这些方法就不灵了,速度不够,内存也跟不上。

人的大脑当然也不能存下这些大空间的东西,但人的大脑有一个很大的优点,

数苑趣谈

那就是**模式识别** (Pattern Recognition), 不需要用到大搜索空间。前面的例子说明一个人看见一张照片, 几乎马上就可以知道他以前有没有见过这个人, 不需要把他从前见过的人都过一遍。再举一个真实的例子。在去年我参加的一个中国人的新年晚会上, 有人用黑管吹出《大海航行靠舵手》的曲子。虽然几十年没有听过这个曲子了, 但台下几乎所有人都马上跟着哼起来。大家不需要在大脑里把以前听过的所有曲子过一遍来检索到这个曲子。你或许要说这些东西大脑里都存着, 只不过它有很快的方法搜到那里。这"很快的方法"就是我们想要知道的, 但我说的模式识别还不只是这些。再举一个没有事先储存的例子, 比如, 你去一个你常去的网站, 打开网站后出现一整页的标题或文章 (以前从来没见过), 如果里面有任何地方提到你的名字 (或 ID), 你几乎马上就会注意到, 并不需要你去一个字一个字地读整页内容。这种模式识别能力, 计算机 (或者说现在的人工智能) 是没有的。所以, 遇到大空间搜索问题, 计算机就显得很弱。

再回到下棋的问题。下棋的时候棋盘上可走的地方很多, 但下棋的人并不是每种走法都去考虑。比如, 一般情况下, 不会有人去考虑在死角位置上走一子会有什么结果。那么哪些位置需要考虑, 哪些位置不需要考虑, 这就是模式识别问题。计算机没有这种功能, 只好所有的位置都考虑, 于是就产生了无穷大的搜索空间问题。几十年以前的国际象棋程序就处于这种情况。因为大面积搜索不可行, 就只能用一些自己设计的判别模式进行选择性的搜索 (模仿人的思维)。选择不见得对, 搜索又不彻底, 结果当然不会好到哪里去。所幸的是, 计算机领域里有一个莫尔规律(Moore's Law), 说是计算机的速度 (以及别的相关能力) 每一年半就会翻倍。几十倍、上百倍地翻下去, 以前速度和空间不可行的搜索后来就变得可及或可行了。到了 1997 年, IBM 的深蓝 (Deep Blue) 就硬是用"硬搜索" (Brute Force) 打败了国际象棋高手 Kasparov。当然, 深蓝还请了一些国际象棋专家指点判别程序, 但主要靠的还是硬搜索。

讲围棋怎么扯到国际象棋去了？我们现在就回头来讲围棋。

深蓝的方法可不可以平移到围棋上来？一般的共识是不可以, 这里面有两个问题。

第一个问题是搜索空间。围棋的变化空间比国际象棋大很多数量级。有人估计围棋的变化空间是 10 的 170 次方, 国际象棋的变化空间是 10 的 120 次方, 差别是 10 的 50 次方。古人在形容很大的数的时候常用的一个词是"恒河沙数", 因为沙是他们知道的最小的东西, 而恒河是他们知道的最大的河。按《孙子算经》大数单位算, 恒河沙数等于 10 的 52 次方。这是受佛经影响的抽象单位, 实际恒河沙数没有那么大。按物理学家卡尔·萨根估计, 地球上所有沙滩上的沙粒数目可能是 10 的 20 次方。就算恒河占其中 1/10, 也就是 10 的 19 次方。大致算一下, 如果恒河中的每一颗沙都是一条恒河, 把这 10 的 19 次方条恒河组合成一条大恒河。这大恒河的沙数是 10 的 38 次方。围棋复杂度与国际象棋复杂度的比例就是这大恒河与其中一颗沙的比例再乘上一万亿倍。10 的 170 次方可以与什么来比呢? 现代人知道, 原子当然比沙要小很多, 最大的东西也不能大于可观测到的宇宙。有人算过, 可观测到的宇宙中的原子个数大约是 10 的 80 次方。假设每个原子就是一个宇宙, 把这些所有宇宙中的原子个数加起来仍然不够 10 的 170 次方。有了这些背景, 从现实意义来说, 我们完全可以把围棋的变化空间 10 的 170 次方当成无穷大, 可望而不可即。当然, 围棋程序并不需要搜索到底, 只需要搜索到人类下棋时搜索的深度就可以了。

如果要让一个围棋程序达到与深蓝同样深度的搜索, 对计算机速度的要求是一百万倍以上。这不是一两个莫尔规律可以解决的问题。

第二个问题, 也是更严重的问题, 就是判别好坏的问题。国际象棋的好坏可以有比较明显的判别方法, 比如吃掉对方的皇后基本上应该算是好棋。事实上深蓝的判别更简单, 搜索到几十步以后子数。如果某种走法剩的子数多, 这种走法就算好 (子数当然是加权过的, 比如皇后算九个兵之类的)。可是围棋没有很好的优劣判别方法。一个子的好坏或许要到几十步以后才显示出来, 又或者与盘上十几格以外的子有关 (比如征子的情况), 而且吃子也不见得就一定是好事。

搜索空间大和判别优劣难这两个问题加起来, 几乎就完全否定了深蓝的方法在围棋上的应用。

由于意识到 "硬搜索" 在围棋上行不通, 几乎所有围棋程序设计者都选择走 "人工智能" 的路, 也就是模仿人类的思维, 搞模型识别、算死活、背定式等。由于没能真正搞清楚人类的思维方法, 这些模仿都不是很成功。这些方法产生的最佳程序仍然处于很初等的阶段, 以至于我这样的一般围棋爱好者左手让它九子也没有问题。很多人甚至认为有生之年看不到战胜人类最高手的围棋程序了。比如中国台湾的应昌期先生就没能在他的有生之年看到哪怕是战胜业余初段的围棋程序, 他放出的一百万美元大奖至今也没人能领。

在大家对围棋程序的前途悲观失望的时候, 深蓝的主要创造者许峰雄放出话来: 十年之内可以看到战胜人类最高手的围棋程序。他的观点半年前发表在 IEEE

的杂志上。如果是别人放出这种话，我一定把它当成痴人说梦，不去理会。但许峰雄不是一般人，他腰下插着深蓝的金牌，说话还是有分量的。他的文章至少值得一读。

许峰雄说大家现在对"硬搜索"在围棋程序上不抱希望，就像几十年前大家对国际象棋程序一样。纯"人工智能"的路现在看来效果不是很好，而"硬搜索"却有很大潜力。我们都清楚，只要搜得足够深，"硬搜索"产生出来的程序是可以很强大的，不信可以去问一问 Kasparov。深蓝的搜索深度是，普遍搜索 12 层，特殊搜索 40 层以上。据他估计，一个围棋程序要达到深蓝的搜索深度必须搜索 10 的 19 次方个节点。这看起来是一个可望而不可即的数，但他认为是可以有办法把它拿下的。他的这个结论主要有四个支撑点。

第一点，用 Alpha-Beta 搜索。Alpha-Beta 不是什么新东西，计算机科学家很早就发明出来了。其主要思想是，在搜索某个节点时如果发现继续搜下去最好结果也不会好于到现在为止在别的节点上搜到的最好结果，那就没有必要继续搜下去。比如这一步棋让对方一大块死棋变活，大概就没有搜下去的必要。这个 Alpha-Beta 搜索可以把搜索空间缩小到平方根，也就是从 10 的 19 次方到 10 的 9.5 次方。

第二点，加入零空间搜索。所谓零空间搜索相当于停走一步。我们看围棋比赛，偶尔会听见观战者说这个时候即使白棋停走一步，黑棋也没得下，意思是白棋赢多了。零空间搜索就是这个意思。由于国际象棋的特殊规则 (有时停走一步反倒有优势)，深蓝不能采用零空间搜索。但围棋完全可以采用零空间搜索。如果停走一步还有很大优势，则这一路搜索就有很大价值 (或者很没有价值，如果停走的是对方的话)。据他所说，加入零空间搜索又可以把搜索空间开方，而且这个优势是深蓝没有的。

第三点，重复利用已有知识。比如一块棋活了，就不用老去算它的死活，除非附近有新情况发生。这个"除非"在国际象棋上出现太多，因为棋盘太小，所以不好用。判断"除非"所用的时间以及上下传递已知信息所花的时间，使它的利用得不偿失。但围棋棋盘大，很多时候一块棋的死活与别处无关，如果再用特殊硬件加速已知信息的交流，这个优势在围棋程序上就可以很大。

最后一点又是莫尔规律。他说深蓝过去十年了。现在的新技术几乎可以把与深蓝有同等能力的计算机放到一个个人计算机上 (深蓝用的是 480 个加有平行结构的超级处理器)，再过十年，速度又可以提高 100 倍。假如再加上几百个平行结构的连接，则又可以提高几百倍。

把以上几点加在一起，可以消掉在深蓝搜索范围内围棋与国际象棋的一百万倍的差别。十年以后，我们将会有一个与深蓝有同等能力的围棋程序。如果假设围棋职业棋手与国际象棋职业棋手搜索的深度一样的话，那么这个程序就可以打败人类最高手。

许峰雄是高手，他的话应该有一定的可信度。他说他的研究生已经开始着手这方面的工作了。但是他的文章里始终没谈判别好坏问题，而我认为这是一个关键问题。因为没有搜索到底，始终都存在判别好坏的问题。搜索到12步或者40步以后怎样决定结果的好坏。四五十步棋的时候中盘或许刚开始，怎样判别什么是好什么是坏。这个问题大概得输入一些专家知识。相当于当初深蓝让国际象棋大师作顾问。许峰雄现在在中国，找专家当然不是什么难事。

对这个没搜索到底的问题有疑虑的人还不少。像我这样的人只是问一问，另外有些人就要想法设计四十步以后的判断算法。还有些人更进一步，干脆搜索到底。且慢，你刚才不是说搜到底是无穷大吗？怎么有人可以搜索到底。这又要扯到人工智能的另一个方法：模拟。

围棋是完全信息游戏。不像桥牌或Poker，总有未知因素。桥牌要考虑牌形分布、大牌的位置等。Poker的未知因素就更明显，虽说手上的2,7是最烂的牌，但如果Flop出来7,7,2，你的牌马上就变成强牌。围棋没有这个问题，对弈双方可以使用的一切招数以及结果都没有未知成分。可是，虽说没有未知成分，但因为没有人能够算到底，这些公开的信息并不是清楚地摆在双方的面前。想得深的就多一些信息，想得浅的就少一些信息。下棋时对方给你设圈套就是指望你算不到那么深。好像一口井，只有竹竿够长的人才能打到里面的水。有些问题，比如围棋程序问题，深一点或许不够，希望能深入到底。可是太多的路径选择又不允许每条路径都走到底。这时候我们就采用一种叫作随机模拟的方法。其基本思想是，虽然不能每条路都走到底，但选择一些路走到底是可以的。在每个分岔点我们都随机地选一些岔道走下去。走到底以后看结果。如果某个结点后随机选的岔道都显示这是一条好路，从概率上来说这是一条好路的可能性就很大。这种随机模拟的算法在很多方面都有应用，尤其是在物理和工程上。第二次世界大战时，美国的一批造原子弹的物理学家(费米、冯·诺依曼等)给这种随机模拟方法取了一个响亮的名字叫Monte-Carlo。这是欧洲以赌场闻名的一个城市名。这种算法和赌场都靠大量的模拟结果为其工作原理。

数苑趣谈

本文最开始说的围棋程序 MOGO 就是基于这种原理。MO 是 Monte-Carlo 的前两个字母,GO 是围棋的英文名字。这个程序不需要背任何定识,做任何模式识别,只是随机地在棋盘上选许多点,走一步以后再随机地选许多点,一直这样把一盘棋下完,然后数子。因为一直走到底,胜负已经很清楚,不需要任何判断。如果某个点以后随机选择的路径以最大胜率结束,这个点就被认为是最有利的点,程序就选这一步。顺便说一句,MOGO 的前辈 (第一个在这方面有成就的程序) 叫作疯棋 (Crazy Go),我觉得这个名字恰如其分。这个看似疯狂而且简单的原理居然弄出惊人的结果。首先是在计算机围棋比赛中战胜了所有其他对手。在此之前,计算机围棋程序的冠军几乎一直都是陈志行教授写的"手谈"。陈志行教授自己是围棋高手,也是计算机高手,把自己的许多想法都注入了"手谈",所以,它能打败同类的其他程序。"手谈"可以说是一个典型的"人工智能"程序。没想到这个"人工智能"高手遇到这么一个没有任何"智能"成分的傻瓜程序却无能为力。这一方面说明"手谈"的所谓"人工智能"还有很多缺陷,另一方面也说明 MOGO 的算法有一定道理。

不光是对计算机程序,这种完全随机的模拟方法对人类也有优良表现。正规的 19 路棋盘现在对它们来说还太大,于是从小棋盘开始。中国旅欧职业五段棋手郭娟与 MOGO 的前身疯棋在小棋盘上下了很多盘。在 7×7 的棋盘上,疯棋执白从来不输,执黑也偶尔能赢。在 9×9 的棋盘上与郭娟下了 14 盘,9 胜 5 负。成绩还是很拿得出手的。MOGO 比疯棋又进化了一步,在最近的一次计算机围棋程序比赛上,MOGO 与疯棋的新版疯子 (Crazy Stone) 进行决赛,MOGO 大胜。看来 MOGO 要比疯棋强很多。所以当另一职业五段 2 胜 1 负战胜 MOGO 时就成了大新闻。

出于好奇,我把 MOGO 与疯子的决赛棋谱调出来看了一下,同时发现一些可喜和可忧的部分。可喜的是,MOGO 似乎能产生很强的大局观的棋。对方在角上压过来时它居然会脱先去占大场,而且这个大场不是三路或四路,而是在五路上。只看布局,很有武宫正树宇宙流的风格。在对杀时还能走出单立这样的好棋。可忧的是,它毕竟没有什么智能,走到后来简直惨不忍睹,或者说愚不可及,连一个刚学棋一天的人都不如。毕竟它们一点智力都没有。从这一点上看,这条路还有一阵要走。另外,从小棋盘到大棋盘进发的问题,还是由莫尔规律来掌握其进度吧。

写到这里,正好看到记者采访聂卫平谈到围棋程序,聂卫平说围棋程序不是还处在随便一个人都可以让二十多子的水平吗?看来聂卫平需要有人给他更新一下有关围棋程序水平的认识了。

MOGO 与许峰雄的 "硬搜索" 都是朝非传统人工智能的方向走。如果有朝一日走出一个没有任何智能却能打败人类最高手的程序，真的是一种悲哀。所以有人在围棋网络上呼吁程序员们不要继续这种程序，要给人类留一块圣地。我想，挡是挡不住的，呼吁也没有用。人们在前进的道路上总是要在不同的路径上进行探索。"手谈" 是一条路，疯棋又是一条路，还有别的许多路，我个人认为墨绿是更好的路。不同的路都走一走，才知道哪条路好。从某种意义上来说，人类的进步不也正是一种 Monte-Carlo 过程吗？

Go, MOGO! Go more go!

(2008 年 3 月 28 日于波士顿西郊)

注：有兴趣的读者可以到以下网址读相关文章。

[1] 许峰雄：Cracking Go　http://spectrum.ieee.org/oct07/5552

[2] MOGO 与疯子对局　http://www.grappa.univ-lille3.fr/icga/round.php?tournament=167&round= 7&id=2

[3] 墨绿　http://www.zhipingyou.com/qqsh/index.php?topic=280.0

1.3 数学与选举

今年是选举年，各种报刊都在谈关于选举的事，连数学家也不例外。年初开数学年会时听过一个关于选举中的数学问题的报告，最新一期数学会刊又有一篇相关文章。比较有意思，而且其中一些例子很容易对大众讲清楚，我这里就来试一试。

主要结论是在竞选者实力接近的时候（各方支持者数量差不多），选举结果只是对选举规则的反映，而不一定是对选民意见的反映。

什么叫对选举规则的反映？这结论听起来怎么有点违背常理。要说清楚这个问题，我们先来看一个例子。

假设有三个候选人 A, B, C。有 11 个人来投票，每个投票人列出他们对这三个人的支持程度，也就是给这三个人排一个从支持到不支持的序。结果如下：

3 人：$A > B > C$，
2 人：$A > C > B$，
2 人：$B > C > A$，
4 人：$C > B > A$。

如果选举规则是每人只选一个人，根据上面列出的表，我们可以看出 A 会赢。只选一个人的结果是 $A > C > B$（得票依次是 5, 4, 2）。如果选举规则是每人可以选两人，然后再从前两名中挑出得票最多的（相当于初选加复选），我们可以看到其结果是 $B > C > A$（得票依次是 9, 8, 5）。这个例子说明，同样的选民，同样的意向，因为选举规则的不同可以得出完全相反的结论。还有一些地方（比如欧洲一些地方的选举）对意向采用 Borda 加权（起始于 1770 年）。对每个意向表，第一名得两分，第二名得一分。最后把每个人的得分加起来看谁的分多谁当选。如果对上面的意向表采用这个 Borda 加权，我们得出另一个不同的结果 $C > B > A$（依次得分是 12, 11, 10）。如果用另外的加权方法，我们还可以得出别的不同结果。

同样的意向表，不同的加权，到底会产生多少个不同的结果？有定理说：

对 N 个候选人，存在一个意向表使得不同的加权会产生 $(N-1)(N-1)!$ 个不同的结果。

显然，对加权的限制是前面的权要大于等于后面的权。另外，还要求最后一名的权是 0。在这种条件下，如果有 10 个候选人（比如美国的总统初选），同样的意向表可以产生超过三百万种不同的结果。

有人说数学上证明的存在例子都是人为造出来的特殊情况，实际选举出现这种特例的机会是不多的。对这些怀疑者正好有另一个定理等在那里回答。该定理说：

如果有三个候选人，他们的支持度差不多（同等的随机分布），则有大于三分之二的可能性（实际数是 69%）选举规则会改变选举结果。

三分之二可不是一个小数，比一半大多了。也就是说当各方实力接近的时候，选举规则会改变选举结果的时候比不会改变结果的时候多一倍。

以今年为例，如果把全体美国人的意向列一个意向表，我们几乎可以肯定，不同的规则会产生不同的结果。也就是说，对这个意向表不同的加权可以产生 Clinton 赢，或者 Obama 赢，或者 McCain 赢。

这种现象并不只在选总统的时候出现，在日常生活中也会冒出来，甚至影响到你自己。比如你去面试一个工作，总共四个面试者，A、B、C、D。四个人每个人做一个报告。听报告的一共 30 个人。听完报告后这 30 个人给出各自的意向表，结果如下：

3 人：A > C > D > B，
6 人：A > D > C > B，
3 人：B > C > D > A，
5 人：B > D > C > A，
2 人：C > B > D > A，
5 人：C > D > B > A，
2 人：D > B > C > A，
4 人：D > C > B > A。

假设你是 D，根据这个意向表，你就没有戏了。因为只有一个位置，所以只有一个人能得到。按第一票算，其次序是 A > B > C > D（得票依次是 9，8，7，6）。显然 A 胜。正当他们准备打电话通知 A 面试成功的时候，C 打电话来说他弃权，因为他已经接受了另一个工作。初看起来，C 排第三，他的弃权对只选一个人的结果不会有影响。其实不然，如果你把上面的意向表中的 C 都去掉，你会发现结果完全不同了。因为 C 的 7 票有 2 票给了 B，5 票给了你（D）。最后的结果是 D > B > A（得票依次是 11，10，9）。

如此的例子还有很多，单就上面的这个例子看，任何一个人弃权都会改变结果的次序。对这样的混乱现象有人用混沌来形容。

最后再回到开始的那句话：在竞选人实力差不多的情况下，选举结果是对选举规则的反映，而不一定是对选民意向的反映。

(2008 年 4 月 17 日)

1.4 两亿零两年的恐龙

晚上随意翻换电视频道时看到一个节目叫《十的幂方》(*Power of Ten*)。这节目是让参加者回答一些问题，问题的答案都是百分数的形式。比如，有多少比例的美国人认为电视里放的职业摔跤是真的？或者，有多少比例的美国人认为应该允许摩门教徒实行他们的多妻制？等等。参加节目的一般是两人，每人给一个答案，谁的答案更接近真实答案谁赢，然后是下一个问题。所谓真实答案就是节目主持者用同样的问题事先问随机抽样的一百个美国人，得出一个百分比。我这个人对数字方面的信息特别感兴趣，这个节目一下就抓住我，于是停止换台，继续看下去。

有一个问题问：美国人中有多少比例的人与美国总统握过手？如果让我来答，我肯定答小于 1%。让我惊讶的是两个参赛者一个答 8%，另一个答 9%，我觉得很不可思议。更让我惊讶的是，节目公布的真实答案竟然是 11%。让我们来粗略地估算一下：美国现有人口 3 亿，3 亿的 11% 等于 3300 万。如果总统每天与 1000 人握手，那他要花 90 年的时间才能握完这些手。总统竞选期间，他或许有可能每天与 1000 人握手。当上总统后，如果每天与 1000 人握手，那他就不要干别的事了。就算把所有活着的前任总统们加上，也就是说可以同时有四五个总统，每个总统平均每天也要与几百个人握手，仍然是不现实的事。从另一个角度看，11% 相当于每十个人中就至少有一个与美国总统握过手。我认识的美国人不下 1000 人，从来没听说谁与美国总统握过手。如果用我的样品做假设检验，不要说 11%，就是 1% 也过不了。我把这个问题告诉我的朋友，朋友说，这有什么稀奇，美国大众对数字从来都是稀里糊涂的。

我在美国生活了二十多年，对这美国大众的数字或算术水平真是不敢恭维。商店门口如果没有收银机，我想绝大多数收钱的人是算不清楚账的。有时利用排队时间，我用心算把账（包括税）算到精确到分，然后把精确到分的零钱一起给收钱的人。他们算出账后发现我给得正好，都以看外星人的眼光看我。相比之下，中国的商贩就不得了。葡萄一块四一斤，我捡出两大枝给他，他边称边说："两斤八两，三块九毛二，给你加几颗，四块钱就不用找了。"说话都没有停顿。

不单是美国大众，有些大学生也缺乏基本算术能力。我从前教微积分的时候，一个学生在把答案从 2.4 小时换算成分钟的时候算错了，我扣了他一分。他来与我吵，说是这道题微积部分他是做对了的 (2.4 小时是对的)，只不过换算成分钟的时候算错了。还说他算错的原因是我不让他们考试的时候用计算器。更有甚者，有

数苑趣谈

个学生居然不转换,直接就把两个答案加在一起,2.4 小时加 18 分钟等于 20.4。我在他卷子上写了个 "20.4 what?",扣了他五分。他跑到我办公室来大吵,说是主要答案都对,只不过加错,没有理由扣五分 (总共十分)。我让他看我办公室墙上的一张照片。照片是立在美国加利福尼亚州一个小镇入口的牌子 (图 1),上面写着,New Cuyama

人口 562,

海拔 2150,

建镇于 1951,

总和 4663。

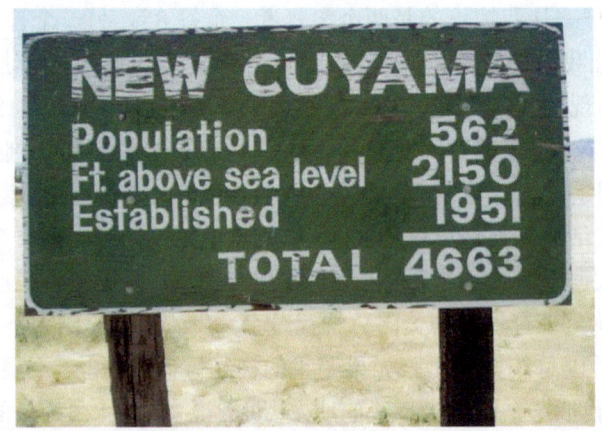

图 1　一个小镇入口的牌子

　　他看后说,我不是那么笨,我知道不同的东西不能加,相同的东西要把单位统一以后才能加 (看来,来找我以前做了点家庭作业)。我本来想告诉他,统一单位后也不一定就可以加,但看他一脸的迷惑,我没有继续说下去,本来想给他讲的一个与此有关的笑话也硬给压了回去。

　　相同的东西统一了单位以后就总是可以相加吗?我压在肚子里的笑话讲的就是这么一个问题。说是有一个博物馆的工作人员在给一群参观者解说一个恐龙骨架。她说:"这个恐龙的年龄是两亿零两年。"有个人问她怎么能知道得如此精确。她说:"我刚到这里工作的时候,别人告诉我说这个恐龙的年龄是两亿年,我已经在此工作了两年,所以我知道它的年龄是两亿零两年。"

你或许要说,这只是一个笑话,稍微有点常识的人不会犯这种明显的错误。那我现在就来告诉你一个真实例子。

三年前,在互联网的围棋新闻组里,有人贴了一个关于世界围棋人口的帖子。在看这个帖子前,我先介绍一下这个新闻组。互联网的围棋新闻组是一些围棋爱好者(主要是美国和欧洲)讨论围棋的地方。西方的围棋爱好者组成与中国不一样。在中国,比如成都这种围棋爱好者众多的城市,下围棋的什么样的人都有。茶馆里、公园里到处都可以看到人下围棋。在西方,围棋没有那么普及,下围棋的主要以受过高等教育的人为主。几乎所有我认识的会下围棋的美国人都是在读大学或研究生时才知道围棋的。所以,在这围棋新闻组发帖或读帖的人应该说都是受过高等教育的。这个关于世界围棋人口的帖子就是在这样一群人中贴出的。帖子说,通过努力,他在网上收集到各国围棋人口的数据。然后做了一个表格列出各国围棋人口。大致如下:

中国——10000000 (10 百万)
韩国——9000000 (9 百万)
日本——7000000 (7 百万)
⋮
古巴——110
智利——30
⋮
美国——15000
⋮

最后他把这些数加起来,得到了世界围棋总人口——26902200。

因为每个数据都是各国官方网站上的准确数据,所以大家都认为其最后的结果很可靠。而且还有不少跟帖讨论,没有人觉得有什么不对。所以我前面说这种现象并不只出现在笑话中。

我实在忍不住,在他们的讨论帖后面跟了一个帖子泼冷水。我说:"中国、韩国以及日本的数据都是以百万为单位,也就是说小于 0.5 个百万的数据就被忽略了。在这些数据后面去加上别的国家的 110 和 30 之类的东西没有任何意义。如果我们只是要统计世界围棋人口的话,只需要把中国、日本、韩国这三个国家的数据加在一起就行了,最多再加上一百万用来包括世界其他所有地方的围棋人口。这样得出的结果的意义不会比上面精心统计出来的结果差。"为了不激起众怒,我

数苑趣谈

在后面又加了几句:"当然,这并不是说别的国家的数据就不重要。恰恰相反,数字小的国家反倒更重要。因为对中国、日本和韩国来说,围棋人口已经饱和,没有太多的发展空间。而那些数字很小的国家,对围棋在世界的普及上却有很大的潜力。"

像这种把不同数量级的数加在一起的现象,在别的地方也经常出现。比如对越战,韩战死亡人数的报道,有些国家精确到个位数,有的国家却以万为单位。而我们却总可以看到各种报道把这些数据加在一起。从统计意义上来说,如果一个数小于另一个数的误差范围,那么这两个数相加就没有意义,小于误差范围的差别也没有统计上的意义。因为其中任何一项的误差就可以抵消这样的差别。遗憾的是,许多人还是用这种没有意义的小差别来做重大问题的决定。最著名的例子就是 2000 年的总统选举。布什和戈尔在佛罗里达的选票相差只有 1000 多票,有一次重新数票后甚至说相差不到 500 票。这 500 票在六百万张选票中只占不到万分之一,而事后证明各地数票 (机器数票与人工数票) 的误差都大于千分之一,有的地方甚至大于 1%。也就是说这 500 票的差别远远小于数票误差。然而,就是这远远小于数票误差的差别决定了谁当美国总统。过去这七八年,美国人民 (或者全世界人民) 都为这个结果付出了沉重代价。眼看这就要扯到政治问题,还是就此打住。

仔细观察,你会注意到这种数字问题无处不在,无时不有。如果你们家的财政总管要把年度预算精确到元,你可以告诉他,小心两亿零两年的恐龙从博物院跳出来找他算账。

(2007 年 9 月 26 日)

1.5 降维攻击

前一阵的一个大新闻是中国科幻作家刘慈欣的科幻小说《三体》获得 2015 年的雨果奖 (图 1)。雨果奖是由国际科幻协会颁发的科幻成就奖, 被普遍认为是科幻界的诺贝尔奖。截止到 2016 年已颁发了 63 届。但到刘慈欣获奖以前, 不仅是中国, 整个亚洲还没人得过这个奖。刘慈欣是第一人, 所以应该算是一个大新闻。

图 1 《三体》(图片来源于网络)

在小说《三体》中, 刘慈欣引进了一个降维攻击的概念, 把高维的东西降到低维来打击。通过低维空间解决高维空间的问题是数学家常用的手段。刘慈欣加上科幻的内容后有了新意, 很能抓眼球, 所以我们借用了这个概念来做文章主要是想介绍数学上通过把高维的东西映射到低维来解决的一些手法和例子。

数苑趣谈

讲数学以前先讲一个笑话。百度网站有许多贴吧，各种群体、各种话题都有自己的贴吧。比如军事吧、足球吧、围棋吧，或者成都吧、深圳吧等等。《三体》迷们想建立自己的贴吧。可惜，"三体吧"这个名字被北京市第三体育运动学校的校友们占了。如果是个人，名字被占了或许就在名字后加一个后缀之类的，另起一个名字就算了。可是《三体》迷们不肯将就，一定要把"三体吧"这个名字夺回来。于是一大堆《三体》迷空降到原本属于北京第三体育学校的"三体吧"。如果在现实生活中打架，《三体》迷们肯定不是体育学校学生的对手。但是，在网上拼杀，从三维世界降到两维的荧光屏上，体校的学生就不是他们的对手了。很快贴吧里的各种话题都以小说《三体》为主，原来的体校学生基本上插不上话，据说现在已经完全被《三体》迷们占领。用成语来说这就叫鸠占鹊巢。用《三体》的语言来说，这就叫降维攻击。

回头再来讲数学。高维空间，甚至像希尔伯特空间那样的无穷维空间都是数学里经常出现的研究对象。许多抽象定理（比如矩阵中的定理）都普适于任意维数 N。但是，有时我们需要研究具体问题。因为我们是三维动物，三维以上的东西很难可视化（作图有困难），理解起来有难度。于是，我们就通过一些手法把高维的东西映射到低维来，在不影响所研究的问题在高维空间中的性质的时候，这种映射就把原来的问题直观化了。庞加莱映射就是这样一种手法，我们这里就来介绍一下。

动力系统理论 (Dynamical Systems Theory) 是数学的一个分支，主要研究一个满足某种条件的系统随着时间推进时的各种状态。时间有时可以离散，所以也可以是一个非连续的离散系统。

图 2 是著名的洛伦茨吸引子。它产生于数学家（气象学家）Edward Lorenz（爱德华·洛伦茨）研究的一个微分方程动力系统（现在被称为洛伦茨系统）。这个系统在一定的参数下有混沌的特性，两个相近的点经过一段时间后会分隔得很远。洛伦茨蝴蝶因此而得名。后来被夸张到一种流行的说法：北京一个蝴蝶抖一下翅膀，造成的微小空气扰动连锁反应到美国加利福尼亚就可能形成一个大风暴。

其他一些微分方程系统与此类似，甚至更复杂。在这样的系统中，一个点的轨迹错综复杂，研究起来不是很直观。于是人们想到一个比较直观的办法，只跟踪这些轨迹在一个平面上的映射。如图 3。不管点 X 在平面 S 以外的轨迹，只管下一次这个轨迹与平面 S 相交的点（图中的 $P(x)$）。注意，虽说是不管平面 S 以外的轨迹，计算（或者说解微分方程）还是需要的，否则怎么能知道 $P(x)$ 在哪里。只

不过我们只记录 x 与 $P(x)$，略去了不必要的枝节，保持了本质的东西。这样一来，一个微分方程系统从视角上来说就变成了平面 S 上的一个离散变换。通过这个离散变换的一些特性，我们可以推出原来的系统的一些特性，比如图 4。

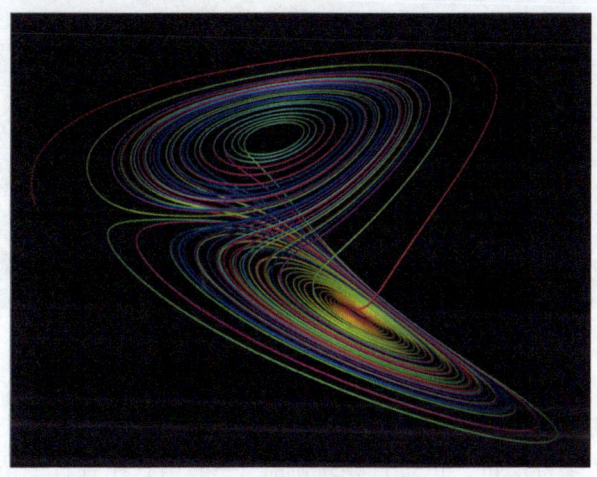

图 2　洛伦兹吸引子

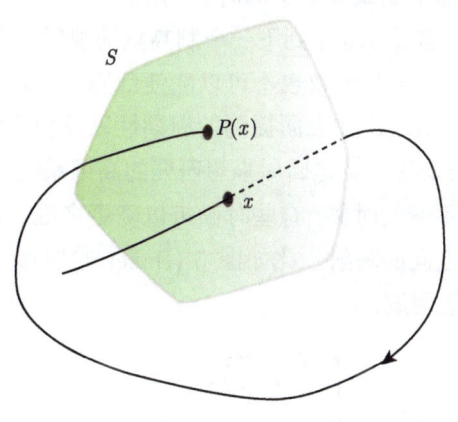

图 3　庞加莱映射

如果一个点绕一圈 (或者几圈) 后回到原来的地方，我们知道这个轨迹是一个有周期的轨迹。如果两个相邻的点绕一圈后离得更远，那么我们知道其中一个点在另一个点的不稳定方向上面。反之，如果两个相邻的点绕一圈后离得更近，那么我们知道其中一个点在另一个点的稳定方向上面。

数苑趣谈

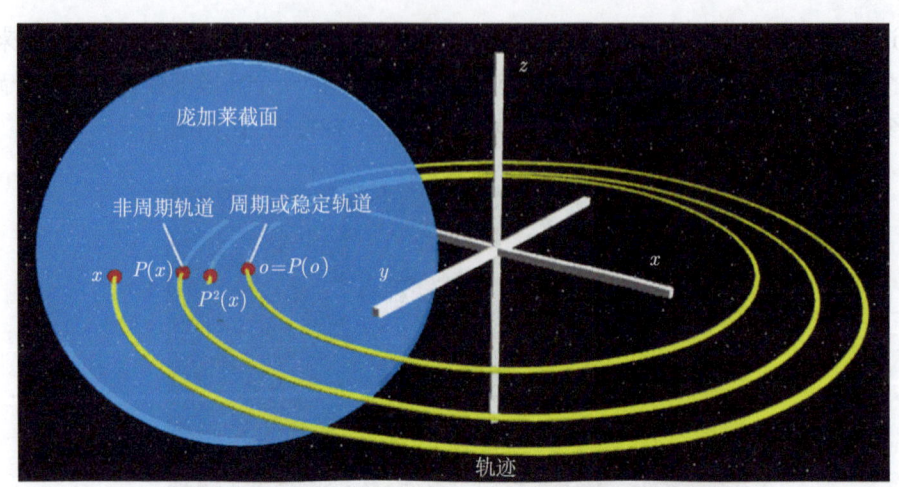

图 4 周期性与稳定性的研究

这种方法在天文学上也很有用。比如我们研究某个星球的轨迹，就只记录它在某个截面上的踪迹即可。记录月亮轨迹时，一般用它在垂直于黄道的平面上的截点。这些都是庞加莱映射的应用。

洛伦兹当年研究那个蝴蝶吸引子的时候，用的是另外一种降维法。他研究从一个制高点（一个圈中 Z 最大的）到下一个制高点的映射。总之，把维数降低以后就更有助于研究。注意，这个维数也不可以随便乱降。一定要保证所研究的性质在降维以后没有本质变化（比如上面提到的周期性以及稳定性）。否则，如果性质改变了，降维以后的结果就不能返回原来想研究的高维系统。

在保证研究性质不变的时候，有些时候可以降更多维。比如把一个二维映射简化到一些离散区域之间的映射。比如图 5（Baker 映射）。研究这些区域之间的映射就变成了一个离散问题。

$$S_{\text{Baker}}(x, y) = \begin{cases} \left(2x, \dfrac{y}{2}\right), & 0 \leqslant x < \dfrac{1}{2} \\ \left(2x - 1, 1 - \dfrac{y}{2}\right), & \dfrac{1}{2} \leqslant x < 1 \end{cases}$$

动力系统中很多问题都可转换成离散问题来研究，以至于有特别的分支来研究这种问题。有限型子位移（subshift of finite type）就是这样的学科。上期的题目，实际上就是满足某种条件的子位移。这期的文章算是对这个题目的背景介绍。

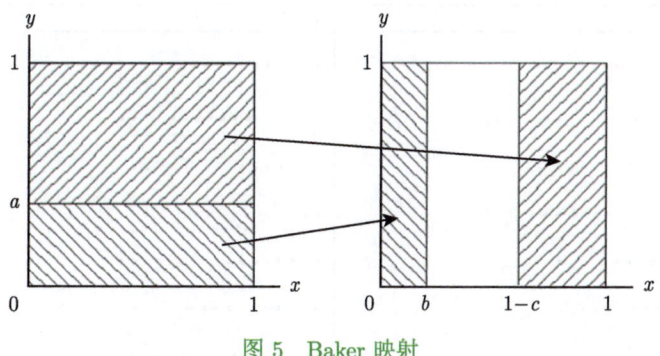

图 5 Baker 映射

注: 这篇文章是《数学文化》杂志的趣味数学专栏写的, 每期有一道趣题。这个题目与这篇文章所讲的内容有关, 所以附上。

上期题目: 八个棋子四黑四白排成 BBBBWWWW。每次只能同时移动相邻两子, 如何移动四次将其变成黑白相间: BWBWBWBW。附图是 $N=3$ 的解。这个题目叙述简单, 解答不显然, 适合于聚会时暖场。解完 $N=4$ 后可以想一想任意 N。N 黑 N 白, 每次只能同时移动相邻两个, 如何移动 N 次, 变成黑白相间?

—— 把第一、二个移到右面 —— 把第四、五个移到右面 —— 把第一、二个移到右面 —— 成功

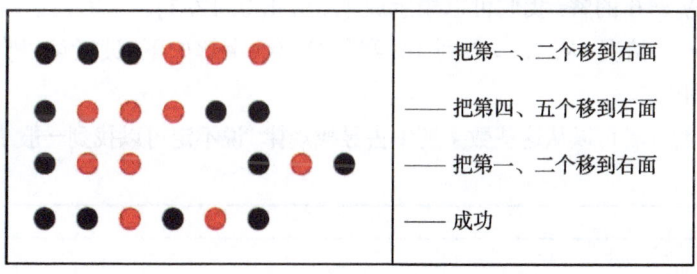

上期出这个题目的时候实际上是想用这个分支来做背景。后来发现做背景可以, 但解问题的方法与这个分支里常用的方法相去甚远, 完全派不上用场。但是, 题目给出来了, 总要给一个解答, 我们现在就把它当成一个孤立的趣味题目来做。这题目一般的解法写起来比较长。N 比较小的时候就是试。N 比较大的时候就开始找规律化简成小的 N 的形式。我们这里直接给出一些具体解, 读者可以找规律求更大的 N 的解。

我们先给出 $N=5$ 与 6 的图解。

数苑趣谈

	N=5		N=6	

（图示棋子移动过程）

画图比较麻烦，我们可以把上面的解用数字表示。

比如 $N=5$ 的情况，它的解可以表示成 $(2,8,5,10,1)$。如果把初始的位置从左到右标为 $1,2,3,4,\cdots$，那么上面解中的数字表示每次移动的那一对棋子中最左那个棋子的位置。第一次移动总是移动到最右（没有别的位置可以移）。从第二次开始，每次都移到上次空出来的地方。$N=5$ 的解的第一个数字是 2，我们第一次就把从 2 开始的那一对棋子移到最右。第二个数字是 8，我们第二步把从 8 开始的那一对棋子移到前一步空出来的那个位置，以此类推。

同理，$N=6$ 的解，我们可以表示成 $(2,8,4,9,12,1)$。

其他 N 的情况，从 $N=7$ 到 14，我们给出数字解如下，读者可以自己用棋子把它们演示出来。

有兴趣的读者可以从这些数字解中去寻找规律，说不定可以找到一般 N 的通解。

N	解										
5	2	8	5	10	1						
6	2	8	4	9	12	1					
7	2	11	5	10	7	14	1				
8	2	12	5	9	6	13	16	1			
9	2	12	5	16	9	6	13	18	1		
10	2	13	8	16	4	7	12	17	20	1	
11	2	15	5	18	9	6	11	14	19	22	1
12	2	17	5	20	10	13	6	9	16	21	24	1
13	2	19	6	22	9	16	5	10	13	18	23	26	1
14	2	16	8	21	11	24	4	7	12	17	20	25	28	1

(2015 年 12 月 7 日)

1.6 扬长避短
—— 极小极大 α-β 算法

本文和 Hex 游戏相关，我们先来介绍一下这个游戏。

下围棋累了就连五子，打桥牌困了就 "敲三家"，爱玩的人常常是逮什么玩什么。20 多年前一个围棋棋友教我一种新棋，英文名叫 Hex。此棋大约是人类发明的棋类游戏中规则最简单的了。但看似简单，个中却奥妙无穷。像围棋一样，它也有定式、手筋、引征等。喜欢数学及围棋的朋友几乎都会对它感兴趣，我自然也很快就被它吸引住了。

Hex 规则很简单。一个菱形被分为 N 乘 N 个小六边形 (图 1)。通常 $N = 11$，也可以到 15。黑白双方轮流下子占据这些小六边形。谁先使自己所下的棋子连通对边谁赢。黑方连上下边，白方连左右边。图 1 中是红蓝色而不是黑灰，红对应黑，蓝对应于灰，红方连上下，蓝方连左右。

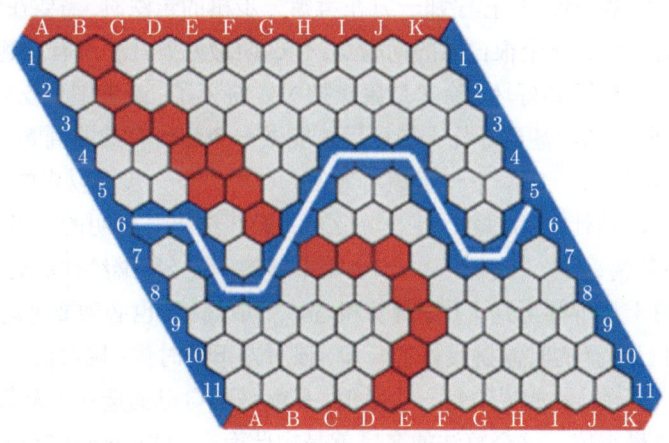

图 1　Hex 规则示意图

这个游戏是 1942 年由丹麦人 Piet Hein 发明的。大多数人认为，有趣而又规则简单的游戏早已被人发明完了 (比如围棋、象棋之类的)，新游戏不是规则麻烦，就是没意思。但 Hex 却是既新颖，又简单，而且还有趣。发明以后，很快在世面上流行起来。尤其是在数学家中间。Piet Hein 是一个很神奇的人。他是一个著名诗人，同时又是一个政治活动家。而他本行却是理论物理学家，Hex 就是他在玻尔理论物理研究所发明的。据说他当时在思考四色定理。

数苑趣谈

这个游戏后来又在普林斯顿被纳什重新独立发明，所以 Hex 在普林斯顿与麻省理工也很流行，并被称为 Nash。这个游戏在普林斯顿以外流行要归功于数学科普作家伽德纳（《数学文化》杂志以前有文章专门介绍他）。伽德纳在科学美国人上介绍这个游戏后，它开始在更大范围内流行起来。

因为不是矩形，Hex 的棋盘制作比较麻烦，所以很多人听说此棋也没机会下。我听说这个游戏后写了一个在 DOS 下供人下此棋的程序（当时还没有视窗系统），不需棋盘，只需键盘操作就可以下了。开始只是想写个程序用来供两人互下。后来决定加一些人工智能，使它可以单机游戏。当然，我只是业余的，那个程序水平不是很高，稍微下得好一点的人就可以赢它。虽然如此，当时计算机程序还不是很普及，做这个的人也不多，那个程序在当时还算是比较领先的，后来做 Hex 研究的计算机专家们写这方面的论文时，还偶尔在参考文献里提到它。我那个程序虽然不厉害，但里面用到的基本思想是几乎所有二人对抗游戏程序需要用到的，现在我们就来介绍一下这个基本思想：**极小极大算法**。

二人对抗游戏，计算机程序那一方在考虑一步棋的走法时，需要在许多可行走法中挑最好的一步。一个很自然的问题是，什么叫最好？几乎所有有趣的游戏，一步走完不能马上判断其好坏，除非是象棋把对方将死了，或者围棋吃别人一大块。大多数情况，要好几步甚至好几十步以后才能做一个相对有效的判断。所以，判断一步棋的好坏要看下一步。下一步该对方走。在对方下一步可以走的所有走法中，对我方最不利的是什么，这就是上一步带来的最坏结果。聪明的读者可能已经意识到，绝大多数情况下，只考虑下一步也是不够的，还必须继续往深处走。专业棋手有时要考虑十几步甚至几十步。计算机程序要成高手，也必须要考虑许多步。考虑过程中，自己选择的时候挑最好的一步，该对方下的时候，挑对自己最坏的一步（对对方最好的一步）。如果给每一步赋值，那就是在自己的选择中取最大值，在对方的选择中取最小值。这个算法的名字就是由此而来，Minimax，极小极大值。中文里的现成成语就是扬长避短。

一步一步地考虑下去，走到底就会有结果，就可以判断好坏。但是，每一步的选择不少，如果每一步都走到底，运算要求太高，对很多游戏来说几乎是不可能的任务。那么，不走到底我们如何判别好坏呢？前面一直在说赋值，这个值怎么赋？对不同的游戏有不同的方法，比如象棋，我们可以数一数双方棋盘上的棋子数。当然，这个棋子数是加权过的，比如 1 个车等于 7 个卒之类的，也就是说判断一下棋盘上双方子力。探索到 N 步以后，给双方子力赋一个值，这就是选择那步棋的值。

对围棋来说，数子是不行的，需要点目，走到一定步数以后我们可以大致点目。对每一个不同的游戏，需要采取不同的赋值法，使得其搜索成立。我们用图 2 总结下极小极大算法。

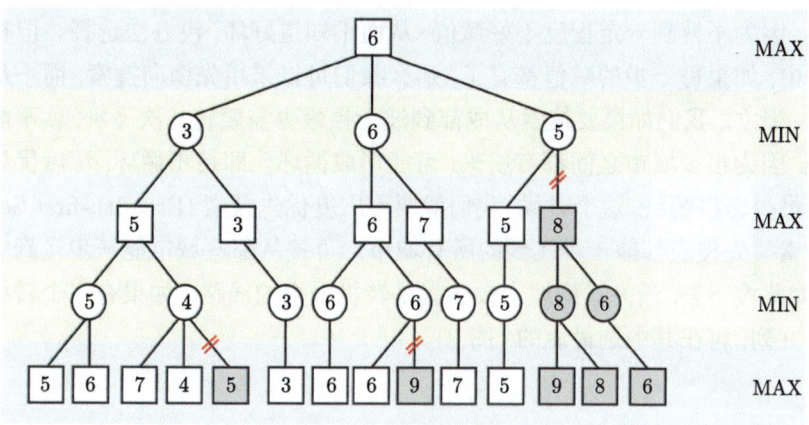

图 2　极小极大算法举例

图 2 有 MAX 的行就是对下面的各种值中取极大值。图中有 MIN 的行就是对下面的各种值中取极小值。计算机考虑的第一步有 3 个选择，就是图中标有 3, 6, 5 的圆圈。三个数的极大值是 6, 所以最上面是一个 6。当然，那三个数 3, 6, 5 不是本身就有的，这些值都是深挖到几步以后一步一步反馈上来的。我们先考虑最左面那一个选择。假设做了这个选择，那么对方有两种选择，也就是标有 5, 3 的方框。同样，我们又先从左面第一个选择开始，到下一步，如此下去，直到我们要考虑的最后一步。图 2 是只深挖到四步的情况。也就是说到第四步后，我们需要其赋值。假设赋值是 5 与 6。这两种结果是对方的选择 (方框表示的都是对方的选择)，我们取其中极小值 5, 填入上面的圆圈, 这就是第三步选择最左面那一步后, 对方能给我方的最大破坏。我们至少可以得到赋值为 5 的结果。再接着考虑第三步的另一种选择, 那一步走下去后, 对方可以有三个回应, 其赋值为 7, 4, 5。极小值是 4, 所以我们把 4 填入那个圆圈。现在, 在第三步的两个选择中, 一个结果是 5, 另一个结果是 4。因为这是计算机一方, 所以我们选择极大值, 也就是我们能得到的最好结果 5。把这个 5 填入上面的方框。与此类似, 我们一步一步地往下走, 然后把那些值按极小极大的原则一步一步地反馈上去。最后, 我们得到第一步三种选择的三个赋值, 3, 6, 5。我们当然选极大值 6。也就是说, 这个极小极大算法

得到的结果是，在三个选择中，中间那个可以得到最好结果。所以，计算机程序选择中间那一步。

这个搜索方法中，我们总是沿着一条路走到搜索的最底层再返回去搜下一步。这种搜法有一个专有名词叫深度优先搜索 (Depth-first Search)。这在对弈程序中很普遍，因为不搜到一定程度不好赋值，从而不知道好坏，没办法选择。但在另一些搜索中，如果每一步的赋值都有了，那么我们可以采用先横向搜索，而不是先纵向搜索。比如，我们如果要搜索从成都到波士顿最少需要转几次飞机，就不能用深度优先，因为很多城市之间都有航班，可能形成循环。即使不循环，深度优先也不利于搜最少转机线路。这个时候，我们就要用广度优先搜索 (Breadth-first Search)，横向搜索。先搜成都能一步飞到的所有城市。再搜从那些城市能一步飞到的所有城市，如此搜下去，最先找到波士顿的就是转机最少的线路。如果有多个转机最少的线路并列，再在其中选最短的 (图 3)。

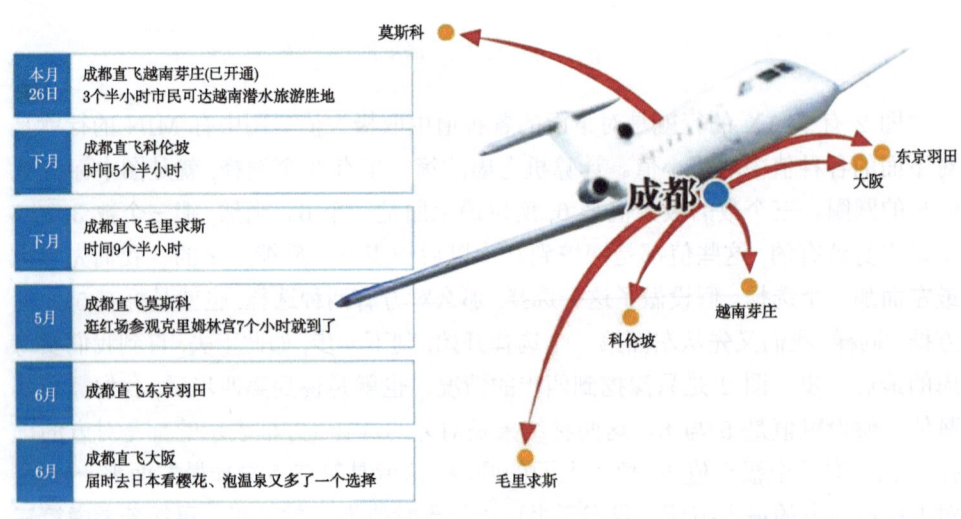

图 3　成都到波士顿转机

如前所说，在对弈程序中还是深度优先最适用，我们还是回来谈深度优先。

前面说我们每一步都要在许多可行的步法中选择。这个"许多"不是所有可行的步法，只能在相对比较有价值的步法中选择。像围棋这样的游戏，搜索所有可行步法是不现实的。第一步有 361 种可选择的走法，第二步有 360 种，搜索空间呈指数增长，几步下来就超出计算机的运算能力。所以，我们必须先做一些淘汰 (这个工作说起来就一句话,实际执行起来不是一件简单的事)。把每一步的搜索限制在一个固定范围内,比如说 k 种走法。假设每一步考虑 k 种走法,我们搜索的深度是 d,那么搜索空间就是 k 的 d 次方。在计算机运算中,这种指数形式的增长是很可怕的。但是,要让我们的程序变得很强,我们就必须要增加 k,增加 d,这个 k 的 d 次方就变成一个可怕的障碍。

于是,大家开始想办法缩减这个 k 的 d 次方。我们副标题中的"α-β 算法"就是办法之一。我们现在就来对它做一个简单介绍。

我们注意到极小极大算法中,自己一方各种选择中取极大值。那么,当已经知道其中一个选择的值的时候,我们知道这一步至少不会比那个值小。用数学语言来写就是:

我们想求 $\max(x_1, x_2, x_3, \cdots, x_n)$。当知道其中一个值的时候,比如 $x_1 = 5$,我们知道 $\max(5, x_2, x_3, \cdots, x_n) \geqslant 5$。

在对方的所有走法中,我们选最小的,那么,如果已经知道其中一个值,我们就知道这一步的最后结果不会大于那个值。用数学语言来写就是:

我们想求 $\min(x_1, x_2, x_3, \cdots, x_n)$,当知道其中一个值的时候,比如 $x_1 = 3$,我们们知道 $\min(3, x_2, x_3, \cdots, x_n) \leqslant 3$。

α-β 算法用的就是这么一个简单原理。在已经知道前面一些选择的结果时,可以帮助下一个选择的搜索。比如,如果下一个选择搜索出现结果比现有结果坏,那么这一步里其他的搜索就没有必要了。我们用图 4 来给一个具体说明。

在图 4 中,最右一个分支没有数字,因为前面的搜索告诉我们,第一层的三个选择中,前两个的值是 3 与 6,极大值是 6 (绿色),所以我们知道我们至少可以得到 6。在第三种选择往下搜索的时候,发现对方有一个应对结果是 5,因为是取极小值,那一步的结果不会大于 5,而 5 小于前面的选择中的极大值 6,所以,我们没有必要再在这个选择的其他应对中继续搜下去。所以,右面的圆圈就空下了。

单从图 4 看,似乎我们没有省去太多搜索。但如果每步不是三种选择,而是有更多的选择,那么,节约的搜索就很多了。因为两三种选择搜索过以后,后面的很多步都可以省略。而且,这个方法对下面每一层都适用。注意到图 4 中左下有些圆圈没有赋值,那些就是省略的搜索。有定理说 α-β 搜索做好了可以把复杂度开方。直观说起来,自己的所有选择都应该去搜 (否则可能会错过最好的),但对方的选择大部分都可以省略掉,所以复杂度不是 $d \cdot d \cdot d \cdot d \cdots \cdot d$,而是 $d \cdot 1 \cdot d \cdot 1 \cdot d \cdot 1 \cdots \cdot d \cdot 1$。$d$ 的 k 次方就变成了 d 的 $k/2$ 次方。同样的计算能力,我们可以搜两倍的深度。

数苑趣谈

总结一下：搜索时保持两个数，一个最大数即目前我方能做到的最好选择；一个最小数即对方能做到的最大破坏。如果搜索中最小数 ≤ 最大数，那么这一步的其他选择就可以省略了。

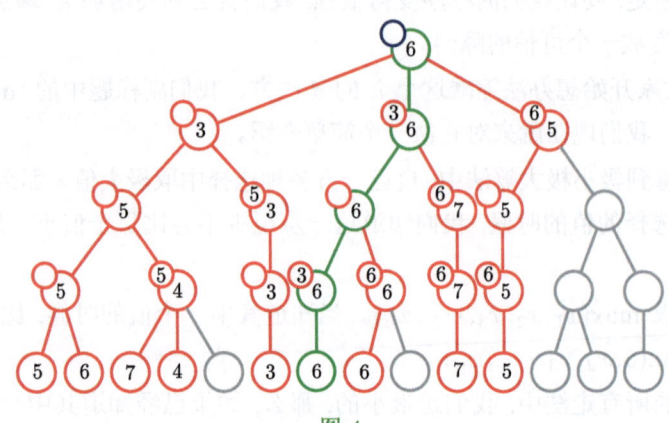

图 4

这个方法还可以进一步优化。如果我们能够估计哪些选择可能得出更好的结果，搜索的时候把那些有可能得出最好结果的选择优先，就能更大地发挥这个方法的潜力。如何排序搜索的选择问题，有很多文章可做，比如，先预搜更窄或者更浅的空间之类的手法等。这里就不多谈了。

我在《人机对话》(见《数学文化》第三期) 一文里提到许峰雄 (打败世界国际象棋冠军的计算机程序深蓝的主要作者)，他在论述围棋程序的优化的时候提到四大点，其中一点就是这个 α-β 搜索。

我在写 Hex 程序的时候用到了 α-β 搜索。对棋子的赋值问题，引进了势能函数，在当时还是比较独到的。不过，那个时候的计算机速度不够快，内存也不大。我的程序可以下过初学者，但下不过我，后来就没有再进行下去。

趣味题目及分解

A. 证明 Hex 无和棋。也就是说即使两个瞎子在棋盘上乱下，最终必然有一方会赢。

B. 证明 Hex 先走必赢。

先看问题 A。问题 A 的意思是说，如果把棋盘上填满黑子和白子，那么我们或者可以找到一条由黑子组成的连通线连接上下边，或者可以找到一条由白子组成的连通线连接左右边。直观上来说，这个题目似乎很明显。如果考虑把水从上面所有的黑子中倒进去，水沿着连通的黑子往下流 (中间或许拐弯，如果我们把这个连通线想成一个管道，拐弯也没有问题)，如果水能流到下面，说明黑色管道从上连通到下。如果不能流到下面，说明有白色连通线从左到右全面堵住了黑子的去路，也就是说有白色管道左右连通。

当然，上面只是一种不严格的比喻，如果要从数学上严格证明，需要花很多功夫。据说纳什 (Nash) 对这个问题的严格证明用了四页纸。我们在这里不想用太多数学符号吓退读者，而是选择用通俗语言做一个相对严格的证明。

如图 5, Hex 棋盘上布满了 X 与 O。假设左上与右下 O 区全是 O，右上与左下 X 区全是 X。我们可以证明无论棋盘上的 X, O 如何分布，我们都可以构造一个连接左上到右下的 O, 或连接右上到左下的 X 通道。构造如下：

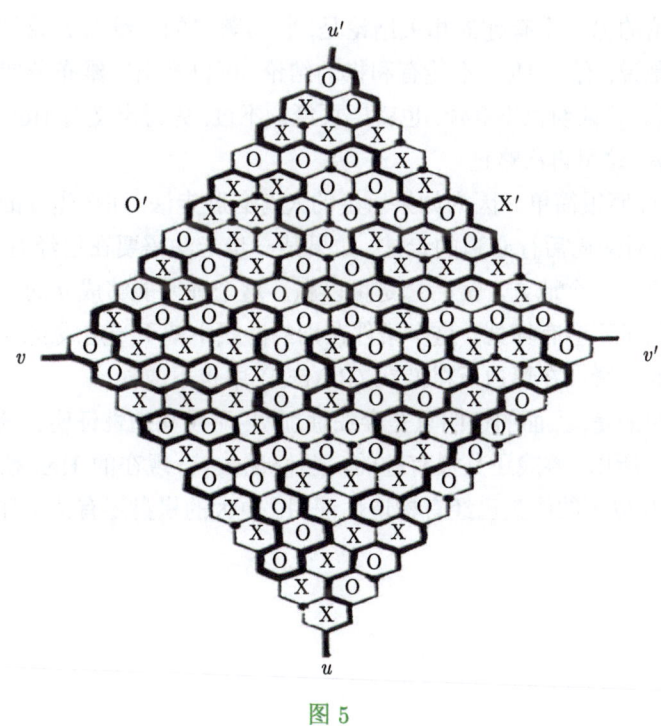

图 5

从正上方 u' 点出发，总是沿着 X 与 O 的分界线走 (图 5 中从 u' 发出的粗线)。因为每条路都是从 X 与 O 的分界线走过来，不管下面碰到的是 X 还是 O，都可以有路继续走。而且可以证明，这样的走法不会循环。因为如果循环，只会从

线路中间某点开始 (不会从 u' 点循环, 因为 u' 上面没有点)。那一点一共有三条线。第一次经过那一点时, 一进一出已经用掉两条线, 再次进入只能从第三条线进入。很显然, 不管与那个点共点的三个六边形的 X, O 如何分布, 三个六边形中必有两个同色, 不可能满足每条线都是 X, O 各占一边 (这是我们这个线路的要求)。不能重复, 而这个棋盘的点数有限, 线路只能从图中 v, v', u 之一的点中出去。事实上, u 点也不可能, 因为我们的线路 O 区一直在前进方向的右边, 而 u 点的 O 区在前进方向的左边。所以, 只能在 v 与 v' 点结束。显然, 如果先到 v', 则沿着构造线有一条连接左上到右下的 O 通道。如果先到 v, 则沿着构造线有一条连接右上到左下的 X 通道。证毕。

这个结论实际上还可以推广到 N 维 Hex, 不过, 我们必须要先定义 N 维 Hex, 比较麻烦, 这里就省略了。有兴趣的读者可以自己去研究。

这个结论的另一个有趣的相关结论是, 它与著名的二维布劳威尔不动点定理等价。也就是说, 有了 Hex 不能有和棋的结论, 可以推出二维布劳威尔不动点定理, 反之亦然。其证明也不麻烦, 也就一页纸。不过, 先得定义与 Hex 游戏棋盘等同的矩形棋盘, 这里再次略过。

问题 B 证明很简单。因为如果后走的人有必胜走法, 那么先行的人可以随便乱走一步, 然后采用后行必赢的走法, 如果某一步走法需要在已经有子的地方下, 则可再次随机下一个地方。最后总是可以赢。这个证明能够成立的关键是棋盘上多一个己方的子不会有坏处。这个条件在别的游戏中就不一定成立, 比如围棋, 多一子有时反而气紧。在黑白反棋游戏 (Reversi) 中也不成立。

需要说明的是, 上面的证明只是存在性证明, 不是构造性证明。没有构造先走的必胜走法。所以, 游戏还是很有趣的。顺便说一句, 现在的 Hex 研究者借助计算机, 对 9×9 以下的棋盘已经有构造性证明。更大的棋盘还有待于计算机的进一步强大。

第二篇

灵机一动——趣味题目背后的数学

2.1 三生万物

2.2 枪打出头鸟

2.3 装球问题

2.4 斐波那契和他的兔子们

2.5 一个有趣的数学扑克游戏

2.6 于无声处听惊雷

2.7 关于趣味数学

2.1 三生万物

道家有 "道生一, 一生二, 二生三, 三生万物"。儒家有 "三人为众" "三人行, 必有我师焉"。在中国传统文化里, "三" 的地位是很高的。本文想从数学的角度来说, 在所有的数字系统中, 平衡三进制也是最美丽、最优秀的。中国传统文化说 "三" 是大而广, 数学上说 "三" 是小而精。"三" 的地位妙不可言。

"一个闷热夏夜, 一群人注意到天上的星星 ……", 这是热门电视剧《生活大爆炸》里谢耳朵给彭妮讲物理的起源时的开场白, 说的是 2600 年前古希腊的故事。如果他要讲数的进制的起源, 那他得再往前推大约 3000 年。语言使人类区别于动物; 抽象数字、数字进位则又是文明的更进一步。

数字进位使得我们能简易地写大数。然而, 多少数进一位呢? 大自然没有给我们一个简易答案。理论上来说, 任何进位都可以行得通。我们现在通用十进制, 其根本原因是我们有十个手指头。"位" 的英文单词 digit 其实就有指头的意思。也有一些文明用二十进制, 大约是把脚趾头都算上了。美国土著用八进制, 因为他们数的是指间缝隙, 而不是指头本身。还有一些部落用 5 进制, 大概他们只数一只手。

除了以指头为依据的进位制, 还有其他的进位制在一些文明中出现。比如 12 进制 (美国现在用的长度单位 1 英尺 =12 英寸), 16 进制 (美国现在用的重量单位 1 英磅 =16 盎司) 以及 60 进制 (1 小时 = 60 分钟), 24 进制, 32 进制等。每个进制的存在都有它的道理, 我们就不一一细说了。

什么进制最优? 前面说大自然没有给我们一个简易答案。这个说法不完全准确。有些进制还是有先天优势的, 比如二进制。二进制每位数只有两个不同的数, 即 0 与 1, 在电子线路上这两个数可以用 "关" 和 "开" 来表示, 非常自然。超过两个值表达起来就没有这么简单了。便于电路表达是一个巨大优势, 这也就是为什么我们现在用的计算机都是二进制。

二进制的优势是便于表达。如果除开这个 "便于表达" 的优势, 单从数学上, 或者从信息传递的角度来看, 它是不是最好的呢? 我们这篇文章的主题就是要解释清楚这个问题, 比二进制更好的进制是三进制。三进制好在哪里, 要回答这个问题, 我们先要引进 "基需" (Radix Economy) 这个概念。

简单说起来, "基需" 就是在一个固定基下表示一个数需要的开销。比如, 要表示 1000 以下的数, 二进制需要 10 位数, 八进制需要 4 位数, 而十进制只需要三位数。但是, 位数短是有代价的。十进制每位数有十种不同的值, 这比二进制的 0,

数苑趣谈

1 麻烦多了。值少位数多, 位数短值就必须多。怎样把这两个量综合起来考虑呢? "基需"就是这样一个综合量。假设在基为 b 的时候, 储存每一位数的开销与 b 成正比 (因为每位数有 b 个不同的值), w 位数所需的开销就与 $w \times b$ 成正比。对于任意数 N, 在基 b 下表示数字 N 需要 $\log_b N + 1$ 位数。这样我们就有了基需的精确定义:

$$E(b, N) = b(\log_b N + 1)$$

基需取整比较容易看得清楚。比如, 表示 999 时, 二进制下的基需是 $2 \times 10 = 20$, 10 进制的基需是 $10 \times 3 = 30$, 而八进制的基需是 $8 \times 4 = 32$。

一个很自然的问题是, 在什么基下, 平均基需最小? 如果把这个问题看成一个连续函数的极值问题, 那么我们很容易得出 $b = e$ 时基需最小。这是因为 $E(b, N) = b(\log_b N + 1) \approx b \log_b N = (b/\ln(b)) \ln(N)$。也就是说在基 b 下, 任意数 N 的基需是 $\ln(N)$ 乘上一个固定数 $(b/\ln(b))$。而我们知道, 函数 $(b/\ln(b))$ 在 $b = e$ 时值最小。最接近 e 的整数是 3, 接下来是 2 与 4。

所以, 我们从数学上证明了三进制是最经济的进制。图 1 是基需在不同基、不同位数下的曲线。可以清楚地看见, 每条曲线都在 e 处取最小值。在所有整数中, 3 处的值最小。

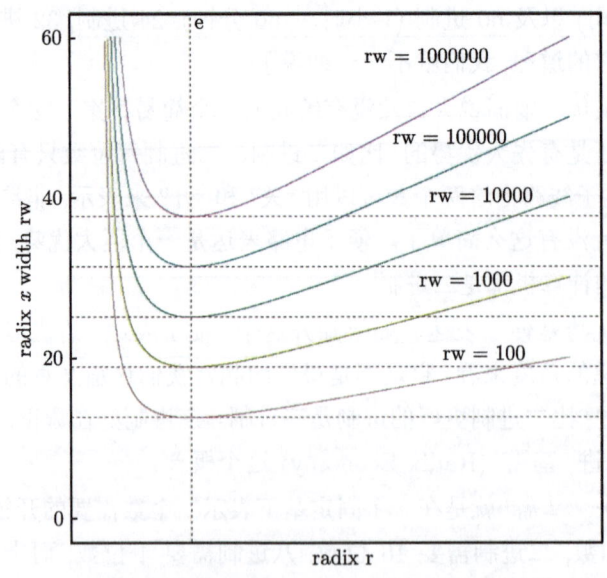

图 1 基需在不同基、不同位数下的曲线

现在我们再来看一看三进制有什么特性。首先，从表达来说，三进制有两种表达方法。一种是非平衡表达法。每位数由 0, 1, 2 表示，到 3 就进位。这与别的进位制基本相同。比如，$100 = 81 + 0 \times 27 + 2 \times 9 + 0 \times 3 + 1 = 10201_3$。另一种叫平衡表达式。在介绍平衡表达式以前，我们先来看一个比较有趣的天平砝码问题。

如果我们要求你用一个天平称出从 1 克到 40 克所有整数克的质量，你最少需要多少砝码？每个砝码是多重？显然，你需要一个质量为 1 克的砝码。如果用通常的 2 倍法，你可以有质量为 1, 2, 4, 8, 16, 32 克的 6 个砝码解决问题。1 到 40 内的所有整数都可以用这些砝码组合出来，这其实就是二进制，任何数都可以用二进制表示出来。能不能用少于 6 个砝码来完成这个任务呢？我们可以用 3 代替 2。要称 2 克的东西，只需把 3 放一边，1 放另一边，在 1 那边能让天平平衡的质量就是 2 克。有了 1, 3，我们可以称出 4 克。下一个砝码是多少呢？用同样的道理，我们可以把下一个砝码质量设为 9。用左右平衡的办法，我们用 1, 3, 9 可以称出 1 到 13 的所有数。以此类推，再下一个就是 27。用 1, 3, 9, 27 可以称出 1 到 40 的所有数。前面问题的答案是 4。4 个砝码就可以称出从 1 克到 40 克所有整数克的质量。这个问题可以推广到任意数。从数学上来说，$1, 3, 9, 27, \cdots, 3^k$ 的和是 $(3^{k+1} - 1)/2$，正好是 3^{k+1} 一半下面最大的整数，3^{k+1} 一半以上的整数都可以用 3^{k+1} 减去前面 3 的幂数达到。所以用 3 的幂数为砝码质量能够称出所有整数，而且是最省砝码个数的方法。有了这个趣题作背景，我们现在可以回头来介绍三进制的平衡表示法。

平衡表示法每位数由 $-1, 0, 1$ 表示。为了进一步表现平衡，那个负号通常放在上面，也就是 $\bar{1}$。从上面的天平砝码问题可以看出，任何整数都可以通过加减 3 的幂数来达到。所以，任何数都可以在三进制下用 $\bar{1}, 0, 1$ 来表示。比如，$100 = 81 + 27 - 9 + 1 = 11\bar{1}01_3$。这个平衡表示法的另一个优点是，负数也可以用这样表达，而不需要在前面加负号。比如，$-50 = -81 + 27 + 3 + 1 = \bar{1}1011_3$。

平衡表示法在运算中有很大优势。正负数不需要特殊符号，加法与减法基本上是一回事，乘法表也出奇地简单 (因为只有 $-1, 0, 1$)。归整运算 (就是我们平常说的四舍五入) 也比二进制简单。平衡三进制是如此优美，自然，以至于计算机大师 Knuth 在他的名著《计算机编程艺术》中说，最美的数字体系就是平衡三进制 ("Perhaps the prettiest number system of all is the balanced ternary notation")。甚至预言未来世界的计算机应该是三进制的 (图 2)。著名科幻作家 Robert Heinline 的一篇讲外星人的小说里，外星人把 341640 表述成 122100122100，隐含外星先进

数苑趣谈

文明的计算机是三进制的。

(a) 计算机编程艺术   (b) Knuth

图 2 《计算机编程艺术》及其作者

在二进制下，每一位数叫一个比特 (bit)，三进制下每一位数叫一个粹特 (trit)。在二值逻辑下，1 对应于真，0 对应于假。它们之间的逻辑结合关系见表 1。

表 1 二值逻辑

x	y	$x \wedge y$	$x \vee y$	x	$\neg x$
0	0	0	0	0	1
1	0	0	1	1	0
0	1	0	1		
1	1	1	1		

三值逻辑就没有这么简单了。在三值逻辑下，不仅有真假，还有一个叫"不确定"。它们之间的逻辑关系见表 2。

看起来比较复杂，但复杂的东西搞清楚了就有优势。比如，二进制下，NaN (Not a Number) 必须特殊处理。而三值逻辑就可以用"不确定"来表示 (数据库软件 SQL 就是用三值逻辑来处理 NaN)。另外，二进制下比较两个数，要考虑三种情况，>,=,<，一般要两步完成，而在三值逻辑中，只需一次就到位。其他还有很多有趣的优点。

表 2　三值逻辑

NOT(A)		AND(A,B)				OR(A,B)				NEG(A)		MIN(A,B)				MAX(A,B)			
A	$\neg A$	$A \wedge B$	\multicolumn{3}{c}{B}	$A \vee B$	\multicolumn{3}{c}{B}	A	$\neg A$	$A \wedge B$	\multicolumn{3}{c}{B}	$A \vee B$	\multicolumn{3}{c}{B}
			F	U	T		F	U	T				−1	0	+1		−1	0	+1
F	T	F	F	F	F	F	F	U	T	−1	+1	−1	−1	−1	−1	−1	−1	0	+1
U	U	U	F	U	U	U	U	U	T	0	0	0	−1	0	0	0	0	0	+1
T	F	T	F	U	T	T	T	T	T	+1	−1	+1	−1	0	+1	+1	+1	+1	+1

(F: FALSE, U: UNKNOWN, T: TRUE)　　　　　　(−1: FALSE, 0: UNKNOWN, +1: TRUE)

理论上可以证明,三进制计算机比二进制计算机效率高,有明显优势。这么多优势,为什么我们现在的计算机却都是二进制的呢?主要原因是二值逻辑一开一关很容易有对应的电子表达。三值粹特除了一开一关,还有另一个状态,很难表达。很难用电子线路表达一个半开半关的状态。所以,开发三进制计算机的打不过二进制计算机,以至于现在几乎全军覆没。

在开发三进制计算机的努力中,有一个特别值得一提。那就是由苏联莫斯科大学的数学家谢尔盖·索伯列夫 (Sergei Sobolev) 与计算机科学家尼古拉·布鲁森佐夫 (Nikolay Brusentsov) 在 1958 年领导制造的 Setun 三进制计算机 (图 3),比当时的二进制计算机有明显的优点,比如造价低、耗能少。顺便说一句,这个索伯列夫就是大家学偏微分方程时接触的索伯列夫空间的那个索伯列夫。他真是理论与应用双手抓啊。

图 3　Setun 三进制计算机

数苑趣谈

可惜 Setun 最终还是输给了二进制计算机。因为他们没能真正解决如何有效地表达三值，而是用两个二值开关来表达一个三值，失去了三进制的一个强大优势，因为两个二值本来可以表达四个值的。不过，大家不要失望。只要理论上有优势，技术上的问题一般都是会随着时间被解决的。优美的逻辑、高效的进制，总是会被利用起来的。事实上，光纤技术出来以后，有人提出了一个很好的用光纤解决三值问题的方法。无光表示 0，另外两个值用两个正交激光来表示。这不但解决了三值问题，而且大大提高了计算机的安全性能问题 (每个计算机都可以用不同的正交激光组合)。现在已有各种三进制模拟计算机在研究机构出现。随着别的技术的不断发展，总有一天三进制计算机会发扬光大的。

三进制基需最小的特性不单在计算机技术上有优势，在别的地方也有应用。比如，电话菜单分布问题。经常出现的情况是，你打电话到一个政府部门 (或大公司)，接电话的是一个机器菜单，XXX 请按 1，YYY 请按 2，等等。按了 2 以后，又出现 UUU 请按 1，VVV 请按 2，等等。怎样组合这个按键菜单才能使一个用户平均按最少的键或听最少的选择。如果每一层太多选择，有可能要听到第 9 条才能按键，如果每层选择太少，则有可能要按很多层。这个与基需问题类似。按三进制菜单分布是最优选择。

最后，我们来看一下三进制在一道趣味数学题目上的应用，作为本文的收官。

喜欢趣味数学的人应该都听说过 12 个乒乓球称重问题。我们先把题目复述如下：

这个乒乓球称重问题有两部分。第一部分是经典问题原版。第二部分是这个问题推广以后的形式。如果我们止步于经典问题的特例，就用不到三进制。特例部分可以一步一步地试，分各种情况讨论。推广以后，一步一步试的方法就不灵了，因为可能发生的情况太多。必须要有系统的方法。

经典问题　有 12 个乒乓球，其中一个是坏球，与标准球的质量不一样。有可能比标准球轻，也有可能比标准球重。现在给你一个天平，要求你在三次以内找出那个坏球来，并指出它比标准球轻还是比标准球重。

推广以后的情况。$(3^k - 3)/2$ 个乒乓球，其中有一个质量与别的不一样 (或轻或重)。试用天平称 k 次找出这个球，并说明是轻还是重。注意 $k = 3$ 时就是我们常见的 12 个球的情况 (图 4)。

注：我们要求最后指出坏球比标准球轻还是重。如果没有这个要求，那么球的总数可以加一。另外，如果我们事先有一个标准球，球的总数还可以再加一。

图 4　天平

首先我们来看一下 $k=3$ 的特例 (就是 12 个球的情形)。这道经典题大家都比较熟悉，相信都能给出正确解答。我这里再把我知道的一个关于这道题的很有意思的变化提一提。这个变化就是：除了原题目的要求以外，还要求事先设计好所有的称法，不能根据前面称出的结果再决定后面怎样称。

把这十二个球标上字母 A, C, D, E, F, I, K, L, M, N, O, T, 然后做下面三次称法。

一：MA　DO ／ LIKE,

二：ME　TO ／ FIND,

三：FAKE ／ COIN。

英文这个题目说的是在 12 个硬币中找坏硬币。上面的称法安排不但解决问题，而且英文字面也通顺，这是这个解法的另一个妙处。

回头再来说这个称法。每次称的结果不外乎三种情况 (只看左面)：重 (H)、轻 (L)、平 (B)。根据每次的结果我们可以推出坏球。

比如，如果三次称的结果是 HHL(前两次左边重，最后一次左边轻)。那么我们知道，从第一次结果，MADO 有重的嫌疑，LIKE 有轻的嫌疑，CFNT 都正常。第二次 MO 有重的嫌疑，I 有轻的嫌疑，其余都正常。第三次，只有 O 有嫌疑，所以我们知道 O 是坏球，而且 O 比标准球重。

再比如，如果三次称的结果是 HBB (第一次左边重，后两次平)。那么我们知道，从第一次结果，MADO 有重的嫌疑，LIKE 有轻的嫌疑，CFNT 都正常。第二次 METOFIND 都正常，ACKL 有嫌疑，但第一次已知 C 正常，所以只有 AKL

有嫌疑, 而且知道 A 有重的嫌疑, KL 有轻的嫌疑。其余都正常。第三次, 排除了 AK, 只有 L 有嫌疑, 所以我们知道 L 是坏球, 而且 L 比标准球轻。

其他各种情况也可以一一推出。三次称球一共有 27 种可能。如果每一种情况都来分析一下, 太麻烦。而且, 对一般情况, $k > 3$ 的时候, 每一种情况都分析是不可能的。有没有更一般的方法, 可以从每次称出的结果, 就直接知道哪个球是坏球? 题目都出来了, 答案当然是肯定的。我们前面做了那么多的铺垫, 现在总该轮到三进制闪亮登场了。

对于一般 $N = (3^k - 3)/2$ 的情况: 把 1 到 3^k 用三进制表示出来 (我们用非平衡表达式便于描述)。去掉每位数都是 0, 或都是 1, 或都是 2 的数, 剩下 $3^k - 3$ 个数。这些数因为不是每位数都相同, 必然要在某位数上变化 (从 1 变成 2, 或从 2 变成 0 等等)。去掉所有第一个变化是 10, 21, 02 的数。也就是说只保留第一个数字变化是 01, 12, 20 的数。比如: 去掉 2⋯21⋯, 保留 1⋯12⋯。由于对称性, 显然这两组数对等, 所以剩下的数正好是一半, 也就是 $(3^k - 3)/2$, 这就是我们的 N。把所有的球用这些数标号。

现在开始称球。总共有 k 位数, 称 k 次。第一次称法是, 把第一位数是 0 的放左面, 第一位数是 2 的放右面, 第一位数是 1 的不称, 并记录下称的结果。由于对称性, 我们知道每位数是 0, 1, 2 的恰好是 $N/3$, 所以这种分法成立。如果称的结果是 0 那面重就记为 0, 2 那面重就记为 2。如果两面一样重就记为 1。

以后的每次称法与上面一样, 只是把位数移一下。也就是说第 I 次称法把第 I 位数是 0 的放左面, I 位数是 2 的放右面, 第 I 位数是 1 的不称。

经过 k 次称法以后, 记录结果合起来是一个三进制的 k 位数。如果这个数在你的球标号里, 那么那个球就是坏球, 而且那个坏球比标准球重。如果这个数不在你的球的标号内, 把这个数的所有 0 和 2 对换, 它所对应的数一定在你的球的标号以内, 那个球就是坏球, 而且它比标准球轻。

我们现在来解释一下为什么如此。假设坏球比标准球重。如果第 I 次称的结果是 0, 根据前面称法描述, 我们知道这次是左面重, 左面的球有嫌疑。左面是什么球呢? 根据前面称法的描述, 左面放的都是第 I 位数上是 0 的数, 恰好与称的结果相同。如果第 I 次称的结果是 2, 我们知道这次是右面重, 而右面放的都是第 I 位数上是 2 的数。如果第 I 次称的结果是 1, 我们知道这次是两面平衡, 嫌疑在未称的那些球里, 而未称的那些球都是第 I 位数上是 1 的数。总之, 每次的嫌疑都恰好与那个位置对应的数相同。同时满足所有嫌疑的只能是每次位置都对应

于称球结果的 k 位数。如果坏球比标准球轻，我们只需要把 0 与 2 互换，则前面的描述结果都成立。所以说，称的结果合并出来的那个 k 位数正好对应那个坏球。如果觉得上面的描述太抽象，大家不妨对 $k=3$ (即 $N=12$) 的情况具体做一次就会很清楚了。

顺便提一句，如果有一个额外的标准球，则我们可以多处理一个球。只需把这个标准球标为每位数都是 2，多出来的那个球都标为 0，结果一样成立。如果不要求知道坏球是轻还是重，我们还可以再多处理一个球。只需把它标成每位数都是 1。

这种用三值定位的称法的最妙之处是，每次的称法都事先定好，不需要根据不同的结果来决定下一次的称法，而且根据每次称的结果可以直接指出哪个是坏球，它是轻球还是重球。三值逻辑大放光彩。

(2014 年 11 月 11 日)

2.2 枪打出头鸟
——三人决斗问题趣谈

三人决斗问题在网上流传很久了，甚至有人已经把它写进书里。我本来没有想把这个大家熟悉的题目放到我的微博上。可是，上周在数学文化的微博上看见其推荐了一个两人决斗问题，我觉得过于简单，于是把这个三人决斗问题拿出来作比较。题目出来一个星期了，想写一个答案算交差，没想到越写越长，140 字的微博不够，于是干脆把它加长成一篇博客文章。

先说那个两人决斗问题。说是两个人进行"俄罗斯轮盘赌"，一个可以装六颗子弹的手枪里装了一颗子弹。随机转盘以后两个人轮流用枪对准对方额头射击。每次打枪后重新转盘。问是先开枪划算还是后开枪划算，并算先开枪和后开枪的存活率。因为每次打枪后重新转盘。所以想都不用想肯定是先开枪的划算。至于先后的存活率，后开枪的人要在第一枪没有被打死的情况下 (概率是 5/6) 才能达到与先开枪的人相同的状态。所以, 后开枪的人的存活率是先开枪的人的存活率的 5/6。再加上两人的存活率之和是 1，可以得出先开枪与后开枪的存活率分别为 6/11 和 5/11。所以我说这个问题过于简单。

其实，上面那个题篡改了"俄罗斯轮盘赌"。真正的"俄罗斯轮盘赌"是随机转盘后对准自己额头打，而且每次打完不再转盘，自动转进下一个子弹位。在这种情况下问先开枪划算还是后开枪划算就是一个很好的条件概率题。第一枪被打死的概率是 1/6。第二枪被打死的概率是 5/6×1/5，还是 1/6，以此类推。当然，如果对题目理解得很清楚，根本就不需要算。第 K 枪死的概率就是子弹在第 K 个弹腔的概率，因为是随机的，每个位置的概率都是 1/6，所以先打后打都一样。

三人的情况就要有意思得多。从两人到三人有点像从二体运动到三体运动。因为二体运动必须是平面运动，简单解一解 $F = Ma$ 就可以有结果。三体问题要复杂得多, 根本没有解析解。牛顿、庞加莱这些大家都没有办法。当然，这个三人决斗问题只是比两人决斗问题麻烦一点，比三体问题那是要简单多了。先叙述一下三人决斗问题。

A, B, C 三人决斗。已知 A 的枪法奇准，百发百中。B 次之，三枪命中两枪。C 最差，三枪只能打中一枪。决斗的方式是三人轮流开枪，每次只能开一枪，可以随便选向谁开枪。为公平起见，他们决定让 C 先开枪。然后是 B (如果还活着)，最后是 A (如果还活着)。如果一轮结束后还有超过一人活着，再按 CBA 循环。问：在上面给出的条件下，每人的最佳策略是什么？如果大家都采用最佳策略，每人的存活率是多少？

首先，在三人都在的情况下，开枪的人应该打另外两人中命中率高的，因为如果他打中就轮到剩下的那个人打他，当然希望命中率不高的人剩下。所以 A, B 肯定互射，而最差的 C 被当成老弱病残保护起来。那么 C 是不是该打 A 呢？如果他打中 A，那么该 B 来打他。他知道有三人存在时 A, B 都不会来打他，打掉一人反倒对他不利。所以他的最佳策略是放空枪。等 A, B 相互之间干掉一人后轮他先打，不管命中率如何差，两人中先开枪总是划算的。这就是所谓鹬蚌相争，渔翁得利。

有了这个策略以后，算存活率就是很直接的概率题了。在 A 的命中率是 $1(100\%)$ 的情况下，B 和 C 的命中率对每人的存活率的影响很不一样。为了求一个通式，我们假设 B 的命中率是 b，C 的命中率是 c。按题目假设，我们有 $1 > b > c > 0$。通过一些推导，我们可以得出 A, B, C 的存活率分别为

A：$(1-c) \times (1-b)$，

B：$b - b \times c/(b + c - b \times c)$，

C：$c + b \times c \times (1/(b + c - b \times c) - 1)$。

为了不把这篇文章变成数学论文，这个解的具体推导就留成作业好了。

我们最初叙述的这道题就是当 $b = 2/3$ 和 $c = 1/3$ 的特例。在此情形下，有 A, B, C 的存活率分别是：$2/9, 8/21, 25/63$。C 的存活率最高。

当然，这道题有趣的是在 b, c 取各种值所得的各种结果。我做了三个 A, B, C 存活率的图 (图 1)。图 1 中，b 分别为 $2/3, 1/2, 1/3$，横坐标是 C 的命中率，从 0 到相应的 b。纵坐标是存活率。

可以看到在 $b = 2/3$ 时，虽然 A 的命中率最高，但他的存活率 (红色) 一直在 B 的存活率 (蓝色) 下面。甚至当 c 比 0.2 多一点以后，C 的存活率 (绿色) 也比 A 高。这个图告诉我们在制度不好的时候，优秀人物并不一定混得更好。所谓"枪打出头鸟""出头的椽子先烂""木秀于林，风必摧之"都是同一个机制。坏制度不能保护他们这些"出头鸟"。

不过，要想比"出头鸟"混得更好，自己的本事也不能太差。当 $b = 1/2$ (或以下) 时，B 的存活率曲线一直在 A 的存活率曲线之下。也就是说即使有制度保护，B 也永远不会比 A 混得更好。这就是通常所说的稀泥糊不上墙。阿斗当不好皇

帝，虽然有刘皇叔托孤，诸葛亮撑腰。

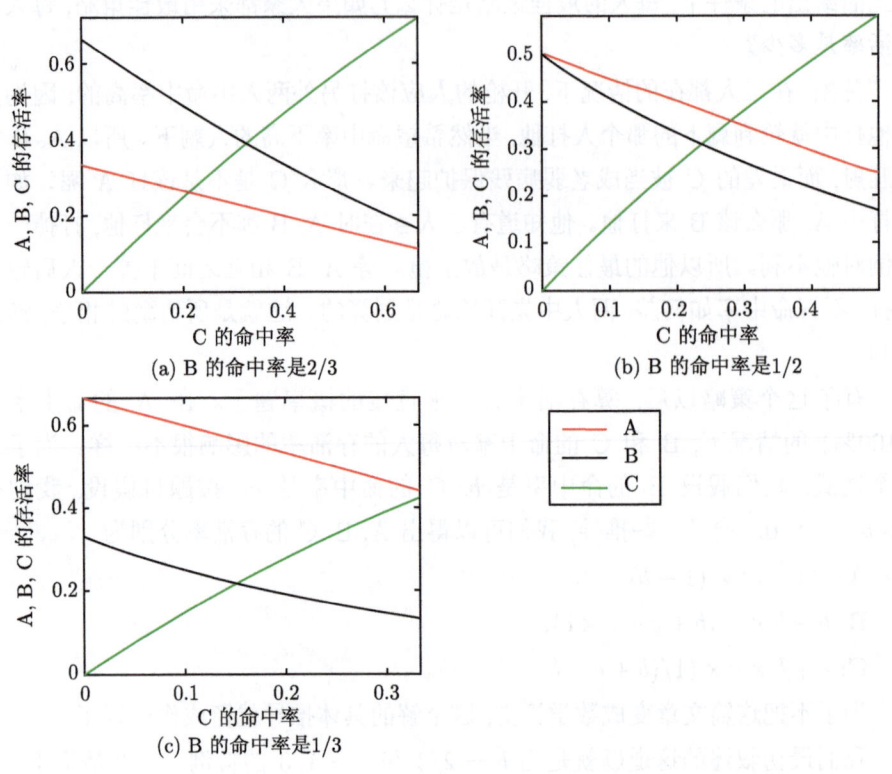

图 1 A, B, C 的存活率曲线

三个图都有一个共性，那就是当 C 的命中率接近 B 的命中率一半以后，C 的存活率就比 B 还好。这也是一个常见现象，中等水平的人常吃亏。因为他们本事不够，自己上不去，又没有坏到需要制度照顾，最后的结果就是吃亏。

C 的存活率甚至有时候比 A 还高。不过，当 b 更小的时候 (比如 1/3)，红线就一直在蓝、绿之上了。这就是为什么许多统治阶层要搞愚民政策。下面的人水平太差以后，无论怎么钻空子 (比如开空枪)，上面的人都总是有优势。

受过数学训练的人读到这里，想要问的一个很自然的问题就是，什么时候 A, B, C 的存活率相等 (都等于 1/3)。有了前面的公式，我们不难算出，当 $c = (5 - \sqrt{7})/9, b = (\sqrt{7} - 1)/3$ 时，A, B, C 的存活率都等于 1/3 (顺便说一下，如果找不到正确方法，要求出这个平衡点需要解一个四次方程。但如果找到正确方法，只需解一个二次方程就可以了，还是留成习题吧)。

这个平衡点表面看起来有点像三足鼎立,但这种表面上的相等其实很不公平。比 C 优秀差不多 4 倍的 A 在这个规则下得到的结果只不过与 C 相同而已。从前的大学生毕业,不管好坏一律都是 56 块半的工资。这种制度不能鼓励优秀人士,对社会的整体进步没有好处。

学佛的人常说一滴水珠看世界,所谓"滴水藏海"。我用这个三人决斗的趣味题目来看社会现象,搞笑之作,希望有人能欣赏。

(2013 年 4 月 9 日)

2.3 装球问题

在高级一点的水果店或蔬菜店，货柜上的苹果或广柑都不是乱堆的，而是整整齐齐地码在那里。一个挨一个连成一排，一排一排交替相错嵌在一起构成一层。再一层层垒上去，上层的水果放在下层所形成的坑里，最后形成一个金字塔。这种放法不仅很稳，而且据说还是最节省空间的放法。所谓最节省空间，就是说如果在空间中以这种方法放满等体积的球体，球与球之间所剩余的空隙最少。要做任何这种"最"的断言，数学家们当然不能满足于"据说"，总想要用严格的数学推理来证明它。这就是著名的"装球问题"(Sphere Packing) 在三维空间的情况。

这个似乎水果店打杂人员都懂的道理却困扰了数学家差不多四百年。早在 17 世纪初，物理学家开普勒 (Kepler) 就考虑过这个问题。这个问题最初起源于当时在欧洲盛行的原子主义 (Atomism)，他们认为宇宙万物都是由一些很小的不可分割的基本原子组成。开普勒的结论就是我们上面所说的放法，他断言再也找不到比这种放法更经济的了。数学家们虽然相信他的这个结果是对的，但由于他没有给出证明，所以，并不称它为定理，而只是称它为开普勒猜想。自那时起，许多数学家，如高斯、牛顿等，都研究过这个问题。高斯还解决了这个问题在三维空间中的情况。但对于高维空间的情况却一直没人解决。这个问题涉及数学的很多方面 (组合数学、优化、编码理论等等)，在数学中有相当大的影响。以至于希尔伯特 (Hilbert) 把它列到了他那著名的 23 个公开问题里面。

希尔伯特的名字想来大家都听说过。撇开创造性能力不谈，单说对数学各个领域的了解，以及对各领域之间的深刻关系的洞察力，在古往今来的数学家中无出其右者。希尔伯特在 20 世纪初 (1900 年) 的第二届国际数学家大会上作了一个演讲。演讲中给出了当时他认为在数学各个领域中有深刻意义的 23 个公开问题。他的著名语录是：一个领域只要还有深刻的公开问题，这个领域就还有它的活力。

可以毫不夸张地说，希尔伯特的这 23 个问题几乎主导着 20 世纪数学的发展。数学的各个领域都围绕着这些问题在展开。许多国际数学会议就以希尔伯特第 N 问题为大会名称。以希尔伯特第 N 问题为标题的书更是不计其数。许多新的方法，甚至新的领域就是为了解决希尔伯特的某个问题而产生。这 23 个问题涉及面很广。它包括著名的连续公理假设问题，数学界公认的最重要的黎曼 (Riemann) 猜想问题，以及我们中国人都很熟悉的哥德巴赫 (Goldbach) 猜想问题等等。上面提到的装球问题就是希尔伯特第 18 问题的一部分。他认为这个问题对数论有很重要的意义，甚至对物理、化学也有用处。

我们选这个装球问题来做文章，是因为最近 Michigan 大学的数学教授 Hales 宣布他解决了这个问题。他的证明除了用到组合数学、线性规划、区间算术等数学理论以外，还需要用到计算机。在二百多页的数学推理之外，还有三个 Gigabytes 的计算机程序与结果数据。对于这样的证明，一些数学家不予承认。他们认为利用计算机就是破坏了完全靠逻辑推理的数学方法论。但有些数学家认为我们已经进入了计算机的时代，过去的数学方法论应该有所延伸。类似这样的争论，以前已经发生过一次。20 世纪 70 年代，有人借助于计算机程序证明了著名的四色定理，当时就引起很大的争议。相对来说，这次的争议规模小了很多，看来人们已经在逐步承认计算机在数学中的地位。这次的证明还没有完全通过同行的验证。但已经有这方面的专家发话说相信这个证明很可能是正确的。看来它被大家接受的可能性很大。

从质疑开普勒到相信计算机，虽然有人不同意，但我觉得这应该算数学上的进步。

(1998 年 9 月 2 日)

2.4 斐波那契和他的兔子们

据说《灵机一动》这个专栏在国风的各专栏中属于读者较少的几个专栏之一。这并不是很奇怪。玩数字游戏，想逻辑问题都是很费脑筋的。大多数人到这里来只是为了轻松轻松，费脑筋的事与他们的本意不合。如果我们的文章里有一些纳妾、养小老婆、风花雪月、谈情说爱之类的东西，读者数量一定会增多。不过，如果真要这样做的话，我们这个专栏的题目就不应该叫《灵机一动》，而应该叫《花心一动》了。栏目我是不愿意改的，内容也就只好跟题目走了。很多人不感兴趣也没有办法。用《灵机一动》这样的题目，虽然谈不上交了华盖运，但在读者数量上翻身的可能性是不会太大的。好在我们还有一批坚定的读者 (这可以从我每期收到的读者来信估计出来)，据说读者数量还在上升。上升就好，只要导数为正就还有希望，哪天说不定就升上去了呢。

最近的几期题目(十一和十三期)的解都不约而同地用到斐波那契(Fibonacci)数。有读者来信说：斐波那契数怎么如此奇妙，到处都能用到。可不可以讲一讲它的来龙去脉。来龙倒是可以讲一讲的，去脉就说不清楚了。谁知它什么时候又会从别的什么地方钻出来。

斐波那契这个题目让我想起图雅。当初图雅在网上做"奥秘"工程，让我写一篇数学方面的东西。因为读者对象是中小学生，很难找到合适的题目。当时想，如果真逼急了就写一篇关于斐波那契数的东西，因为这个题目不需要太高深的数学知识。后来见没人来催，我也乐得开溜。如今图雅从网上消失 (他自己说是要去巴西)，"奥秘"工程也不知进展得怎么样了。我这篇关于斐波那契的东西终于还是没能躲掉。所谓躲得过初一躲不过十五，欠人的账迟早是要还的。好在我们的读者不是中小学生，不用写得太详细。这相当于货币贬值时还债，说起来我还是赚的。

斐波那契是 12 世纪意大利数学家。在国内通常译为斐波那契。这里的一些网友开玩笑把他译成斐波纳妾，比较有浪漫色彩，我也就跟着用了。所谓斐波那契数列就是：1, 1, 2, 3, 5, 8, 13, 21, 34, $\cdots$，后面的数是前面两个数之和，以此类推。

这个数列是怎么来的，为什么会有那么多应用呢？这个数列最开始出现在斐波那契的一篇数学文章里。他在文章里提出了一个兔子个数的问题。问题是这样的：一对兔子每月生一对小兔。新生的小兔两个月以后也开始每月生一对小兔。问：从一对小兔开始，一年以后会有多少对兔子。因为都是些简单数字，我们不妨跟踪几个月。第一个月是一对小兔。第二个月小兔还没长大，不能生小兔，所以还是只有一对小兔。第三个月小兔长大了，生下一对小兔。总共有两对兔子。第四个月再生下一对小兔，总共有三对兔子。第五个月老兔再生一对小兔，这时第三个月时生的小兔已经长大并也生了一对小兔，所以总共五对兔子。如此推下去，第六个月会有八对兔子，第七个月会有十三对，然后是 21, 34, 55, ⋯，推多了以后我们很容易发现，下个月的兔子总数等于这个月的兔子数加上下个月的成年兔子数。而下个月成年兔子数实际上就是上个月的兔子数。简单说起来：下个月的兔子数等于这个月的兔子数加上个月的兔子数。用公式来写就是

$$F(N+1) = F(N) + F(N-1)$$

这个公式给出了一般的递推关系，明年、后年以及以后任意年的兔子数都很容易得出来。

我们平常在做数学游戏或讨论一些数的性质的时候，常常发现一个数的性质依赖于前面的一个更小的数，如果前面更小的数能满足某种要求，后面这个数也能满足某种要求。斐波那契数列后面的项可以用前面的项来表达，这具有一定的通性，对很广泛的一类问题都实用。要对一个大数解决问题，只需通过一定的步骤把它化简到前面解决过的小一点的数就行了。很自然地，许多完全不同的数字问题最后都跑到斐波那契数上来了。斐波那契也因此而名留史册。

把一个问题简化成另一个已经解决的问题是数学家的惯用伎俩。数学归纳法用的就是这个道理。有一个笑话说，有一个心理学家想观测一下各种不同的人解决问题的能力。他找了三个人，一个是物理学家，一个是工程师，一个是数学家。在一个大礼堂的舞台上有一个大水缸，里面有水，旁边是一个盆子。心理学家在礼堂远处的地方点了一团火，让这三个人用最经济的办法把火灭掉。数学家没有什么经济头脑，不管什么方法，只要能解决问题就行。他把大水缸抬到火旁，然后把水倒在火上把火扑灭了。工程师觉得数学家的办法不够经济。抬一缸水去灭火太累而且没有必要。一盆水就够了。于是他把水装到盆子里再端到火旁用水把火扑灭了。物理学家更厉害，连水都不用，直接把盆子扣在火上，由于没了氧气，火自动熄灭。心理学家很满意。第二天又做了同样的实验。只不过这次水是在盆里，而不是在缸里。这次要求大家用最快的办法把火扑灭。物理学家和工程师都认为直接的办法最快，两人都是直接把盆里的水端到火旁将火扑灭。而数学家却把水就近倒进旁边的水缸里，然后扬长而去。说是已经把问题"简化"成昨天已经解决过的情况。

我们再接着讲斐波那契数。引出斐波那契数的另外一个有趣例子是蜜蜂的祖辈数。据说公蜂是从没有受过精的卵孵化出来的。所以，公蜂没有父亲，只有母亲。

数苑趣谈

如果从一只公蜂开始，一代一代往上推。看它每一代有多少个祖辈。上面第一代显然只有一个，就是它的母亲。第二代有两个，就是它的母亲的父母。第三代有三个，爷爷的母亲和奶奶的父母。以此类推，我们再一次得到斐波那契数列 1, 1, 2, 3, 5, 8, ⋯。不过，这个祖辈问题不像兔子的数量那么严格，因为祖辈是可以重复的。往上代推出的一些祖辈可能是同一个人。据说魏亚桂讲过往上推五百年 (或一千年)，大家都是一家人。他用的就是这种往上推祖辈的方法。我想，这祖辈重合的问题他一定也知道。不过，虽然祖辈重合后数字没那么严格，但大家是亲戚的结论并不受影响。重合岂不是亲上加亲。往上推一千年，很难有人能跑得掉，只有完全封闭的群体才不会被数进来，如果现代社会还有这种完全封闭的群体，他也不会读到魏亚桂的帖子了。

斐波那契数的起始两个数是 1, 1。如果不是 1, 1 而是另外两个数 A, B，这样产生的数列会是什么结果呢？换句话说，如果有一个数列 L，满足 $L(1) = A$，$L(2) = B$，$L(N+1) = L(N) + L(N-1)$，那么这个数列的一般项会是什么样呢？稍微推算一下就可以发现 $L(N+1) = A \times F(N-1) + B \times F(N)$，这里 $F(N)$ 为斐波那契数的相应项。当 $A = 1, B = 1$ 时，我们就回到斐波那契数。当 $A = 1$，$B = 3$ 时，我们得到另一个很重要的数列，Lucas 数列。Lucas 数列在数论界还很受人注意，前不久还看见有人写文章讨论它的性质。

斐波那契数列有一些简单但很有趣的性质：比如每过三项的数都是双数，每过四项的数都可以被三整除，每过五项的数都可以被五整除，前面 N 项的平方和等于 $F(N) \times F(N+1)$ 等。以上这些性质都是很简单的性质。斐波那契数还有一个不太简单而且很重要的性质，那就是 $F(N)/F(N+1)$ 的极限。也就是说前一项与后一项的比例的极限。很容易证明这个极限存在，而且这极限还等于著名的黄金分割数。"文化大革命"的时候讲究一切都要与实践相结合，数学也不例外。于是华罗庚带了一个小分队，到处推广优选法，也叫零点六一八法。这零点六一八也就是黄金分割数的前三项。当时有许多工人或许不知道圆周率 π，不知道自然对数的底 e，但却都知道零点六一八。关于黄金分割数的故事很多，需要很多篇幅，我们以后有机会再谈。

(1997 年 12 月 10 日)

2.5 一个有趣的数学扑克游戏

一副牌 52 张，没有大小王。从中随机抽出五张。你从其中选出一张藏起来，把剩下的四张放在桌上，让你的朋友根据桌上这四张牌的面值及顺序来推出藏起来的那张牌是什么。也就是说，请你为你的朋友设计一套信号系统，使得不管抽出的是哪五张牌，你都可以用其中的四张牌来表示另一张牌。注意，你的朋友可以利用的信息只能是四张牌的面值与顺序。诸如把某张牌翻过来或是放斜一点，高一点，角上折一下之类的旁门左道都不能用。

明眼的人知道这其实是一个编码解码问题。说得很对。编码解码在现代生活中可以说是无所不在。广义说起来，我们看的电视都可以划到这里面来。更直接的例子就是大家现在看的这篇文章所用的国标码。大家知道，计算机是西方人搞起来的。在计算机上传递信息自然用他们的一套字母与符号。作为拼音文字，8 个比特 256 个码对他们来说就绰绰有余了。但要用这些码来表示中文就远远不够了。于是人们自然想到了双码。也就是用两个码来表示一个汉字。双码等于一维变两维，所能表示的数量就是原来的平方。但思想严谨的人马上会意识到一个问题。怎样区分双码和单码？一个码传过来，我们怎么知道这是一个独立的英文码还是一个中文双码的第一个码？如果英文码把 256 个码都用到了，那这个问题就很严重了。所幸的是在一般的信息传递中，英文码并不需要用到所有的 256 个码。事实上，一般的信息传递只用到这 256 个码中的前半部分，也就是 0 到 127 中的码。也就是说，英文码的 8 个比特中的最高一个比特都是 0。这样一来，双码中文就有了出路。我们只需要用后面 128 个码就行了。一个码传过来，如果最高一个比特是 0，就是一个独立的英文码，否则就是双码的第一个码。由于一些技术原因，我们并不是把后 128 个码都用到了。而是只用到了后 128 个码中相对于前 128 个码中可印的那些码。我们知道，前 128 个码中有很多是不可印的，比如回车、提行、空格等。真正可以印出来的码只有 94 个 (33 ~ 126)。所以，国标码的总容量是 $94 \times 94 = 8836$。中文字当然多于这个数。所以你有时会发现你想要的字在国标字库里没有。大五码没有这些限制，所以容量大得多。当然，问题并不完全这么简单。由于历史原因，有些电子邮件系统根本不支持 8 比特码，它们只处理 7 比特码。8 比特码传来，它们一律把最高一个比特处理为 0。这样一来，我们的双码系统就失效了。于是有人想到补救办法，在前 128 个码中做文章。用特殊状态符号来区分英文码与中文码。比如汉字 (HZ) 码就是用 ~ (tilda) 加花括弧作为状态符号的。

数苑趣谈

直到现在为此，在许多中文网与邮递网中，HZ 码还占有很大一席地位。现在流行的统一码，要想把世界上所有大语言的码都包括进去，那又是另外一个故事了。

现在回到我们的题目。从一副有 52 张的牌中随机抽出五张，怎样用其中的四张牌来表示第五张牌？

首先注意到，我们可以给所有的牌定一个大小顺序。比如黑桃 A, 2, ⋯, K, 接下去是红桃 A, 2, ⋯, K, 再接下去是方块，梅花。这样一来这 52 张牌就相当于从 1 到 52 个数。4 张牌横放在桌上，按照大小顺序不同可以有 4 的阶乘，也就是 24 种放法。我们可以用这 24 种放法来表示 24 个不同的数 (也就是 24 张不同的牌)。但是，从 52 张牌中抽出 4 张以后，还剩 48 张。24 只是它的一半，远远不够。怎样解决另一半呢？

注意到，我们原题目中说你可以从抽出来的五张牌选择一张藏起来。选哪一张牌就很有讲究。四的阶乘等 24, 没有什么文章好做，这另一半就得靠这选牌来解决。这个问题有不止一种解法，也就是说有多种方法来表示第五张牌。我们这里选择一个简单清楚的办法来讲 (但由于此办法不能推广，并不是最佳办法)。52 张牌有四种花色。根据抽屉原理，五张牌中一定有两张以上的牌是属于同一花色，比如有两张黑桃。我们就把其中一张黑桃藏起来，把另一张黑桃放在桌面第一张。朋友看见第一张是黑桃，就知道藏的那张是黑桃。这一下把搜索空间缩小到四分之一。但这还不够，因为除掉一张牌以后，我们只剩下三张牌可以用。而三张牌按大小顺序只能有 6 种放法 (3 的阶乘)。除了放在桌面的黑桃以外，还有 12 张黑桃，6 种放法只能表示出其中的一半。我们还需要再动脑筋来想怎样解决另外一半。与前面相同，3 的阶乘等于 6, 没有什么文章好做。只好从选择的藏牌中来找出路。我们前面说把两张黑桃中的一张藏起来，藏哪张呢？用抽屉原理我们已经去除了四分之三的牌。现在我们要从这两张牌的选择中来去掉另一半牌。

把所有的黑桃按顺时针方向摆成一圆环 (想象时钟上有十三点，它们是 A, 2, ⋯, K)。这是一个有十三节的圆环。从这个圆环中任取两张，这圆环被分为两段。因为总长度为十三, 两段中必有一段长度小于六。我们选择短的那一段的结尾那张牌藏起来 (因为有方向，所以每一段都有开始和结尾), 把另一张牌放在桌面第一张。这一张牌不但告诉我们的朋友所藏那张牌的花色，而且还告诉他我们的起始点。因为所藏的牌离这第一张牌不超过六，我们可以用三张牌的顺序表示出来。至于三张牌的顺序如何表示 1, 2, 3, 4, 5, 6, 则完全由你与你的朋友决定。最简单的办法是按照自然数的大小决定。我们前面已经说过，可以为 52 张牌定一个顺序。这样一来,随便哪三张牌都有一个大小顺序。我们不妨把它们叫作 1, 2, 3。于是,这三张牌可以有六种组合,按照自然数大小,这六种组合可以排成:1 2 3, 1 3 2, 2 1 3, 2 3 1, 3 1 2, 3 2 1。我们可以用它们来表示 1, 2, 3, 4, 5, 6。

现在我们给一个具体例子:如果我们抽到的五张牌是:黑桃 3, 红桃 7, 方块 2, 方块 J, 草花 K。因为方块有两张, 所以我们决定藏方块。在方块 2 与方块 J 中, 2 离 J 按顺时针方向比较远 (距离为 9), 而 J 离 2 比较近 (中间有 Q, K, A, 2), 距离为四。所以我们选择把方块 2 藏起来。第一张放方块 J, 我们要在桌面上用剩下的三张牌表示出四来。剩下的三张牌按大小顺序是黑桃 3, 红桃 7, 草花 K。按照我们上面的顺序, 要摆出四, 就是要摆出 2 3 1。也就是红桃 7, 草花 K, 黑桃 3, 剩下的四张牌的总顺序是方块 J, 红桃 7, 草花 K, 黑桃 3。

图 1

我们的朋友看见第一张是方块 J, 所以知道藏起来的那张牌是方块。看见剩下的三张牌摆的是第四个顺序, 所以知道藏的那张牌离 J 的距离为四。于是一个个数过去, Q, K, A, 2。所以推出藏起来的那张牌是方块 2。

这不仅是一个趣味题, 还可以是一个游戏。你可以和你的朋友商量好这一套编码系统, 然后为许多人表演。一般人在短时间内是不会看出其中的名堂的。为避免用高矮、正斜之类的手段做假, 可以由别人来放, 只不过必须按你规定的顺序。我玩过两次, 效果还不错。

这个题目做出来以后, 最自然的想法就是:如果牌张数再多一点会有什么结

数苑趣谈

果？当然，不管用什么手段，几张牌能表示的牌张数总有个上限。这上限是多少？做一些排列组合的数学推理，我们可以知道上限是 $N = M! + M - 1$。

也就是说，如果从 N 张牌中抽 M 张牌出来，选一张藏起来，能用剩下的 $M-1$ 张牌把它表示出来，那么这个 N 不能超过 $M! + M - 1$。这公式只是给出上限，是不是真正就能够达到呢。答案是肯定的。有定理说这个上限可以达到。对于我们这个题目的情况，也就是 $M = 5$ 的情况，上面的公式说 N 最大可以到 124，这要比两副牌都多，具体解法超出了这篇文章的程度，以后有机会再讲 (2015 年注：我为《数学文化》杂志专门写了一篇文章介绍这个一般问题，有兴趣的读者可以去找来看)。有兴趣的读者可以考虑简单一点的情况，比如，一副 54 张的正规扑克 (也就是 52 张加上大小王)，我们前面提到的方法不能直接搬过来用，需要稍微改一下设计。

(1997 年 10 月 8 日)

2.6 于无声处听惊雷

常常有这样的情形，当一件事情暂时说不清楚的时候，就会有人说"时间会说明一切的"。这并不是说时间会说话。而是说过一段时间以后，该发生的事情发生了，许多事情就清楚了。即使过了一段时间什么事也没发生，仍然可以说明一些问题。因为"不该发生的事没有发生"和"该发生的事发生了"是相关的。时间是时空的一维，时间的流逝本身就使得与其相对应的时空参照系发生了变化，许多问题自然就有了不同的表现，并不一定需要再有别的什么东西来帮忙说明问题。

时间的说服力是很强的。

从前有一个人想出家当和尚。老和尚说，来这里可以，但每天除了吃饭睡觉就是打坐，每十年只能说一句话，你能做得到吗？他说，行。于是就进庙当了和尚。十年后该他说话的时候，他说："饭太少。"又过了十年，他说："床太小。"又过了十年，他说："不干了。"老和尚说："不干就算了，反正你这几十年除了抱怨也没干什么事。"这笑话的力量就是这十年的时间，如果把十年改成一天，这笑话就一点也不好笑了。好笑的不是他每次说了什么，而是他几十年没有说什么。

上周看了新近出来的电影 Contact，讲人类努力与外星人联系。电影中漏洞很多，但这是一部科幻片，我们也不能要求太严。故事的结尾很耐人寻味。科学家们按照外星人传来的提示造出了航天器。女主角乘着航天器到太空飞了一趟，并且与外星人对了话。但是，当她再回到地球上时却发现没有人相信她确实到太空去了一趟。她的航天旅行一共是十八个小时。但由于航天器穿越时空虫洞 (Wormhole)，地球上的时间与她所经历的时间失去了相关性。从后来结果看，她在飞船上所经过的十八小时只不过是地球上大约两秒钟的时间，也就是地球上的人所观察到的航天器以自由落体速度穿过加速器的时间。她在航行的过程中一直在录像，但由于某种原因，什么也没录下来，磁带上全是背景电磁场所留下的嘈杂垃圾，她没有任何证据。以至于在国会听证会上，她不得不承认这一切有可能只是她大脑里的幻觉。看来这个案子永远也没人能解释清楚了。但是，听证会的一个官员却注意到一个严酷的事实。录像带上虽然全是垃圾，但这垃圾竟然长达十八小时之久，而不是大家所认为的两秒钟。正如我开始所说，时间流逝的本身就有最强的说服力，并不一定需要再有别的什么东西来帮忙说明问题。

关于时间的力量，有一个有趣的题目。不用说话，单用时间来进行推理。这实际上也不能算什么题目，只不过是一种思维方法。有些人也许会觉得简单，但对于

数苑趣谈

以前没有以这种方式考虑过问题的读者来说，还是比较有意义的。

【无声趣题】 两个犯人同时被关进同一个监狱。他们都知道这个监狱总共有 48 个牢房，牢房号是 1 到 48。进牢房时，每个人都能看见自己牢房的号码，但不知道另一个人的牢房号码。从关进牢房开始，每过一小时监狱长就派人来问，能不能说出他们两个人中哪一个的牢房号码更小。如果有人正确说出来，两个人都立即释放。如果答错了，马上砍头。如果 24 小时以后还没有想出来，两人同样要被砍头。我们的问题是，请你说明，如果这两个囚犯足够聪明的话，在只知道自己的数，而事前事中又没有任何交谈的情况下，仍然可以在一天内想出谁的数更小。

这个题目的解答依赖于一种叫递归的方法。两人都知道牢房号码是 1 到 48。所以，如果他们的号码是 1 或 48，他们立即就可以知道自己的号码是最小的 (或最大的)。第一次监狱长来问的时候，他们俩中间如果没有人说出谁的号码更小，那么我们可以排除号码 1 和 48。这样一来 2 与 47 成了最小与最大的，谁看见这个号码就知道自己是大还是小。以此类推，每问一次就可以排除两个数。一天 24 小时，总共可以排除 48 个数。所以，如果这两个囚犯足够聪明的话，他们总可以在 24 次之内推出谁的数更小。

(1997 年 8 月)

2.7　关于趣味数学

《科学美国人》杂志有一个专栏叫"趣味数学"(*Entertaining Mathematics*)，这个专栏是由著名趣味数学家马丁·伽德纳 (Martin Gardner) 创办的。他为这个专栏写了二十多年。这个专栏给《科学美国人》带来很多读者，不少后来成名的数学家都说他们开始就是受伽德纳的影响而走上数学之路的。

我们先来聊一聊什么是趣味数学问题。

黎曼猜想有没有趣，当然有趣。对有些人来说这是最有趣的数学问题。但这是数学研究前沿的问题，多少数学家穷其一生都不能解决，对一般人来说它的趣味性就大打折扣。所以这种研究前沿或公开问题不在我们所说的趣味问题范围内。鸡兔同笼数头数脚的问题有没有趣，对小学生来说这是很有趣的问题，但对学过代数方程的人来说就没有什么趣味了。所以一道题的趣味性因人而异，我们可以把趣味问题分为许多等级。不同级别的题目适合于不同的对象。

分牛、凑数，或者证明大象与老鼠体重相等之类可以用线性代数解决的问题可以算是一类。这类题可以用来考小学生，因为他们没有学过线性代数，解起来很有趣，也有一定的启发作用。

对高中生来说，上面的那些问题就太简单了。对付高中生要用微积分或复变函数。比如有这么一道题：一个矩形被分为许多大小不等的小矩形 (就像一张建筑图)，如果已知每个小矩形至少有一边边长为整数，则可推出原来的大矩形也至少有一边边长为整数。这个题如果用高等数学来做也就两行字。如果用普通语言来解，两页纸恐怕也不够。但不管多少页，如果能用普通语言说清楚也是很有趣的事。

对付学过高等数学的大学生，可以有更高一级的题。背景知识或许是泛函分析或微分拓扑之类的。比如：墙上贴一张中国地图，如果有人在这地图上再贴一张小的中国地图，歪歪斜斜也没有关系，只要小地图完全落在大地图内，则可证明大小地图上必然有一点重合。也就是说一个图钉从这一点按下去，大小地图上都是同一点 (比如说北京天安门)。这道题如果用泛函分析来做，也就是一行字。如果用普通语言来做大约要满满一页。

这些题的趣味性也就在此。包含较深的数学道理，却可以用普通语言来解释清楚。一个题目如果必须要用高深的数学语言来解，那它只能算是一道数学课的作业题，不能算是趣味问题。所谓趣味问题就是需要动脑筋但不一定必须用高深

数苑趣谈

的知识来解决的题目。

当然, 对有些人来说很高深的知识, 对另一些人来说却算基本常识。我认识的一位数学系教授就一贯把研究生以下的数学称为幼儿园数学。他的口头习惯用语是: "This can be done with kindergarten arithemtics"。三十年前我在中科院数学所读研究生时, 在数学所听的第一个讲演就是《魔方中的数学问题》。演讲者自然是把群论、不动点之类的知识当作基本常识的了。著名天才物理学家朗道小时候是一个神童, 他的一句很著名的话是: "记不得不懂微积分的时候了。"

还有一类题是几乎什么知识都不要, 但却相当费脑筋, 有点像围棋的死活题。当然, 这类题也有难易之分。难的题可以难你几天, 几月甚至几年, 比如著名的十五个学生分组问题 (Kirkman's school girl problem)。容易点的也可以让你费上几十分钟甚至几小时脑筋。比如著名的乒乓球问题。十二个乒乓球中有一个次品, 其重量不等于标准重量。现在给你一台天平。让你在三次之内找出次品, 并指出这次品比标准球轻还是重。这样的题目动脑筋却不需要什么知识, 很受欢迎。

顺便说一句, 上面提到的乒乓球找次品的问题还可以有推广。当乒乓球数为 $(3n-3)/2$ 时, 要求在 n 次内称出次品球。对这个一般问题如果靠球数等于 12 那样硬凑解就比较困难了, 需要有一般解法, 抽象的数学语言和思维这时就派上了用场。

"萝卜青菜, 各有所爱", 各种级别的题目都有人欢迎。对不同水平的人, 趣味数学的定义也不一样。在不同的人群中讲什么样的趣味数学问题是一个很有学问的事。

(1997 年 11 月)

第三篇

开卷有益——评论汇集

3.1　书评：《打赢庄家》

3.2　白天鹅的反击——书评：《黑天鹅》

3.3　作家笔下的数学与数学家

3.4　讽刺幽默大师：汤姆·雷尔

3.5　书评：《经度》

3.1 书评《打赢庄家》

媒体热衷的新闻一般都与政界要人或电影明星有关，很少与数学或数学家挂边。最近却出了个例外，数学家进了媒体的眼界。报道说澳大利亚 19 名数学家组成"高智商"赌博集团，利用专业知识，在各国赌场和博彩业疯狂赌博。短短 3 年，总计赢取了超 24 亿澳元 (约 156 亿人民币)。不久前，他们在赌场上的成功引起澳税务局关注，这一赌博集团才被曝光。后来的调查发现，这个赌博集团其实不是真正用到数学或统计，大部分盈利都是钻一些规则的空子，偷税漏税。

真正利用数学统计原理去赌博的事情在美国发生过。麻省理工有一帮学生就干过这事。后来还有人把他们的事迹写成书，拍成了电影。我曾经写过关于这本书的一个书评，可以帮助大家了解数学家如何在赌场发挥他们的优势，现在读起来也不算过时。当初写的时候读者对象是海外华人，数学统计不能太过专业，现在把它投到数学文化，可以加上一些数学和统计的东西。

赌场里所有的玩法中，21 点是对玩家最公平的游戏。大家的牌同样比大小，差不多是 50:50 的游戏。当然，如果真是这样，赌场就不会开这种赌法了。赌场总是要有一点优势才能赚钱。赌场利用一些规则来为他们创造优势。不过，真正说起来，赌场为 21 点制定的所有规则几乎都是对玩家有利的。对庄家唯一有利的规则就是玩家总是先要牌。如果玩家先胀死，则不管庄家的牌如何，庄家先把钱收走。这个优势太大，没人愿意玩，幸好赌场另外还有一些对玩家有利的规则来平衡一下。比如，庄家 17 点以下必须要牌，17 点以上 (包括 17 点) 必须停 (也有说这个规定是便于发牌人员发牌，不用思考。但不管怎样说，这个规定对玩家是有利的)。另外，如果玩家头两张牌就拿到 21 点 (也就是通常所说的 Black Jack)，则庄家赔一倍半。此外还有玩家可以分对、加倍等等。在这些规则下，庄家的优势不到 1%。这样算起来，10 块钱一赌的 21 点，玩家平均每把输 1 毛钱。100 块钱可以玩很久了。

对于职业赌徒来说，庄家的任何微弱优势都是不可容忍的。因为他们玩 21 点不是为了玩得久，而是要赢钱。庄家的任何优势，哪怕是微小的优势，在大量的手数中表现出来。要赢就必须要改变这种优势。顺便说一下，前面提到的庄家的 1% 的优势当然是要求玩家按最佳方案要牌。实事上大多数到赌场的玩家都没有按最佳方案要牌，不知道什么时候该停，什么时候该要，什么时候该分牌，什么时候该加倍等等。所以庄家的优势不止 1%，对职业赌徒来说，按最佳方案要牌不是什么

数苑趣谈

问题。所谓最佳玩法无非就是三个由 0, 1 组成的矩阵 (见附录), 半小时就可以背熟。我不是职业赌徒 (业余赌徒都不是), 但这几个矩阵也是可以倒背如流的。可是, 倒背如流只能使你不会输得更快, 却解决不了这 1% 的差距。

要打赢庄家就必须要会变赌注。在有利的情况下赌大一点, 不利的情况下赌小一点。也许有人会觉得奇怪, 牌都是随机洗的, 怎么会有不利或有利的时候。这就是 21 点与诸如俄罗斯轮盘, Crap 之类赌法的区别。这些赌法, 上次的结果与下一次没有关系。这次色子掷出一个 6, 下一次掷出任何数的概率仍然相同。而 21 点就不一样, 这一次出来一张 A 或 10, 剩下的牌中就少一张 A 或 10。仔细研究一下那三个要牌矩阵, 你会注意到其本质基本就是假设下面一张是十点的牌。所以, 如果你是 12 点以上, 而庄家的明牌是 2 到 6, 你就要停, 因为你或庄家胀死的可能性很大。其他关于分对, 加倍等几乎都围绕着这一点在转。所以, 如果你有理由相信剩下的牌中 10 点以上的牌多, 这就是对玩家有利的时候。你就需要增加赌注, 这样你就可以在有利的时候把输出去的捞回来, 而且赢更多。彻底改变输 1% 的命运。

怎样才能知道剩下的牌中 10 点以上的牌多? 这就需要记牌。这种记牌的人被赌场叫作 "数牌者" (Card counter)。他们开始下最小的赌注, 等数到情况有利就下大赌注。用这种方法长期赌下去, 赢面就超出 50%。赌场为对付这一招, 把每一轮牌从一副增加到六副。电影《雨人》(*Rain Man*) 中有人说: 正常人是数不清楚六副牌的。但不 "正常" 的人很多, 尤其是有钱赚的时候。不少人对六副牌也照数不误。实际上, 他并不需要记住所有的牌, 只需记住大小牌的差, 就一个数在那里来回倒, 并不是太难的事。赌场的另一招是一轮牌快打完时就重新洗牌。即使如此, 数牌者仍然可以有微小的优势。对于这种靠数牌下注的人, 一旦被赌场发现就会被列为不受欢迎的人。轻者遭拒绝, 重者什么情况都可能发生。甚至消失在沙漠里。每个赌场都有这样的黑名单。

所谓道高一尺, 魔高一丈。有聪明人想出用团体作战的方法来避免被列入黑名单。一人数牌, 数到有利的时候就做出一些暗号, 另一人 (看起来不相关的人) 就来下大注。而数牌者照样继续下小注。因为有利的牌并不是每轮都出现。所以这个团体一般都有四五个人数牌, 一个人下大注。下大注的人叫大玩家 (BP = Big Player) 哪里有利就往哪里跑。

《打赢庄家》(*Bring Down the House*) 这本书讲的就是由麻省理工的学生组成的这样的团体。平常上学或工作, 周末就飞到拉斯维加斯或大西洋城去赌。靠这种团体作战法几年内赢了好几百万。这本书写的是真实故事，但内容不输于虚构的电影。他们如何计划，如何表演，如何被出卖，如何被打得鼻青脸肿，团队内部因分赃不均或意见不同而产生的矛盾，团队与另外的团队因地盘问题而产生的纠纷，情节引人入胜，而且其对于各种人物的描述也相当独到。到美国来的中国留学生，想当初都是自己圈子中出类拔萃的人物，与这些人可以有很多共鸣之处，读起来会特别过瘾。甚至对怎样教育自己出类拔萃的小孩也可以有一些借鉴。本来是写书评，却只是讲了讲打赢庄家的数学原理，故事情节部分还是大家自己去看吧。

附录　Black Jack 最佳策略简述

所谓最佳策略就是在给定状况下从统计上赢面最大的策略。这些策略是通过数学统计推出来的。不一定保证每副牌都赢，但从统计上来说你如果严格按照这个策略打牌的话，赢的概率最大。有多少种给定状况呢？通常情况下，庄家一张牌，从 2 点到 11 点。你有两张牌（如果刚分过对，则只有一张牌），其和为 2 点到 20 点 (21 点的情况算 Black Jack，你已经赢了)。所以，总状况空间是一个 10×19 的矩阵。你的决策选择是三种，停牌 (0)，要牌 (1)，加倍 (2)。所以，这个最佳策略可以用下面这个矩阵表示。

特别说明一下，这个矩阵只适用于玩家没有 A 的情况。因为 A 可以算成一点，也可以算成 11 点，对于有 A 的情况专门有另一个矩阵（见后）。上面这个矩阵前 8 行很显然，肯定要牌。9, 10, 11 也肯定要牌，但有时候有比要牌更好的决策，那就是加倍。所以在 9 到 11 行里你会看见有 2。后 4 行也很显然，已经到 17 以上，肯定停牌。中间那些行就需要记了。初看起来不好记，但如果你假设后面翻起来的牌都是 10(10, J, Q, K)，则很好理解，也很容易记。比如你是 14, 庄家是 2 到 6 时你要停牌，因为你翻一张 10 你就胀死，但庄家如果暗牌是 10, 就是 12 到 16 点，再翻一张 10 就胀死。所以这种情况下你要停牌。但是当庄家是 7 到 11 时，如果暗牌是 10, 则已经够 17 点，可以停牌，你的 14 点就算输。这个时候你就需要要牌。所以，上面那个矩阵的第 14 行，前 5 个是 0, 后 5 个是 1。其他的行都可以类似推出来。唯一特别的情况是第 12 行。这个需要专门记，事实上在有些情况下, 12 行的前两个数是可以变的，讲起来就复杂了，自己琢磨吧。

顺便提一下，所谓加倍就是你认为条件有利时再下一倍的赌注。你有利时就加倍那赌场岂不是亏了。所以加倍是有附加条件的，这个附加条件就是你只能再要一张牌，不管下一张牌是多少你都必须停。与上面相同，如果你假设下面一张牌是 10 点，则上面所有加倍的情况都很好理解了。

数苑趣谈

对于有 A 的情况，就要用下面这个矩阵。

玩家	庄家									
	2	3	4	5	6	7	8	9	T	A
1	n	n	n	n	n	n	n	n	n	n
2	1	1	1	1	1	1	1	1	1	1
3	1	1	1	1	1	1	1	1	1	1
4	1	1	1	1	1	1	1	1	1	1
5	1	1	1	1	1	1	1	1	1	1
6	1	1	1	1	1	1	1	1	1	1
7	1	1	1	1	1	1	1	1	1	1
8	1	1	1	1	1	1	1	1	1	1
9	2	2	2	2	2	1	1	1	1	1
10	2	2	2	2	2	2	2	2	1	1
11	2	2	2	2	2	2	2	2	2	2
12	1	1	0	0	0	1	1	1	1	1
13	0	0	0	0	0	1	1	1	1	1
14	0	0	0	0	0	1	1	1	1	1
15	0	0	0	0	0	1	1	1	1	1
16	0	0	0	0	0	1	1	1	1	1
17	0	0	0	0	0	0	0	0	0	0
18	0	0	0	0	0	0	0	0	0	0
19	0	0	0	0	0	0	0	0	0	0
20	0	0	0	0	0	0	0	0	0	0

玩家	庄家									
	2	3	4	5	6	7	8	9	T	A
1	n	n	n	n	n	n	n	n	n	n
2	1	1	2	2	2	1	1	1	1	1
3	1	1	2	2	2	1	1	1	1	1
4	1	1	2	2	2	1	1	1	1	1
5	1	1	2	2	2	1	1	1	1	1
6	2	2	2	2	2	1	1	1	1	1
7	0	2	2	2	2	0	0	1	1	0
8	0	0	0	0	0	0	0	0	0	0
9	0	0	0	0	0	0	0	0	0	0

这个表也可以像前面所说那样记。庄家 4, 5, 6 时，再来一张 10 点就胀死。所以几乎都要加倍。当然，如果你已经是 18 点以上 (8+A 或 9+A) 就不用再加了。比如第 9 行，你的牌是一个 9 和一个 A。这时就不能再要牌。如果要来一张 10，你的点数没有增加 (因为你的 11 点边成 1 点了)。但如果要来一张不是 10 那你的点数反而变小，所以不能再要牌，第 9 行全是 0。其他情况可以类推。

当你的两张牌是一对的时候，赌场允许你拆对，就是说再加一注把它分成两手牌。比如两个 8，加起来是 16，可以说是最坏的牌，拆开后得两个 8，每个 8 如果来一个 10 的话就变成 18，很不错的牌。所以不管对方是什么牌你都要拆对。其他情况下什么时候要拆对什么时候不拆可以看最后这个矩阵。这里，1 表示拆，0 表示不拆。你会注意到第 8 行全是 1。

玩家	庄家									
	2	3	4	5	6	7	8	9	T	A
1	n	n	n	n	n	n	n	n	n	n
2	1	1	1	1	1	1	0	0	0	0
3	1	1	1	1	1	1	0	0	0	0
4	0	0	0	1	0	0	0	0	0	0
5	0	0	0	0	0	0	0	0	0	0
6	1	1	1	1	1	1	0	0	0	0
7	1	1	1	1	1	1	1	0	0	0
8	1	1	1	1	1	1	1	1	1	1
9	1	1	1	1	1	0	1	1	0	0
10	0	0	0	0	0	0	0	0	0	0
11	1	1	1	1	1	1	1	1	1	1

在讲上面这些矩阵的记法时，我们反复强调假设后面来的牌是 10 点。那么很自然地，后面的牌是 10 点的概率大的时候，这些矩阵就非常有效，这种时候根据这些矩阵而采取的策略赢面甚至超过庄家。这就是为什么要数牌。注意，我们这里说的是"数"牌而不是记牌。你并不需要记住所有出现过的牌，你只需知道出过的牌里有多少是大牌 (10, J, Q, K 或 A) 或小牌 (2 到 6)。出现一个小牌就 +1，出现一个大牌就减一。中间牌 (7, 8, 9) 就不动。所以，你脑袋里只需记一个数 (不断上下波动)。如果你记的这个数超过两倍于庄家所用的牌副数 (一般赌场都用六副牌，所以有利点是 $2 \times 6 = 12$)，那么情况就对你非常有利了。这个时候就该下大注，把前面输的钱捞回来。必须提醒大家的是，这只是统计上对你有利，实际情况是你下大注的时候也有可能输。所以，你必须要有相当数量的赌资来对付这种统计上的小波动。一般来说，需要有 100 倍于你所下的最大赌注的赌资，才能比较安全地对付统计上的波动。我上面提到的数牌法只是众多数牌法中最简单的一种。其他还有更复杂的，比如，4, 5, 6 算 +2, 10, J, Q, K 算 −2, A 算 −1, 2, 3 算 +1，等等。但这些复杂的数法容易出错，反倒没有简单办法有效。

过去二十多年，美国境内，世界各地，不论是开会还是旅游，凡是我到过的有赌场的地方，我都会去玩一玩 21 点。至今几十场下来，赢多输少。虽然小打小闹

数苑趣谈

赢不了多少钱，但至少说明我上面提到的这些矩阵还是很有效的。有一次在巴哈马的一条船上，输得莫名其妙，后来发现他们赌场作假 (因为小船，没有人监督他们)，当意识到有假的时候我马上停了。这其实是在赌场玩的最重要的一点，要知道什么时候停。不管输赢，都要给自己设一个限，该停的时候就要停。你要知道一直赌下去赌场基本上是要赢的 (这是他们赖以生存的理论基础)。如果没有团体作战，一个人长期作战，要么你大输，要么被赌场列进黑名单。写这个附录不是为了鼓励你去赌，而是让你偶尔在赌场玩一玩的时候不要输太快，增加更多的乐趣。

(2007 年 1 月 29 日)

3.2 白天鹅的反击——书评:《黑天鹅》

四年前《纽约时报》的"畅销书排行榜"上有一本叫《黑天鹅》的书,号称是第二次世界大战以来最有影响的 12 本书之一。一本书的畅销有很多原因,我一般也不赶时髦去读畅销书。但这本《黑天鹅》是讲与统计有关的事,与我的工作和学习有关,于是找来读了一下。读完后感觉很不好。不是说它完全没有可取的地方,只是觉得它没有一些书评写得那么好。更重要的是,我很不喜欢作者 Taleb 的口气与方式。常常是为了说明他的一个观点,不惜夸大事实,甚至到了荒谬的地步。一般来说,我看过的好书我都要向朋友推荐,特别好的我还要写书评。我不认为《黑天鹅》是一本好书,看过也就看过了,没有向朋友提起。没想到我参加的一个邮件组最近有人多次提起这本书,而且赞扬有加。我终于忍不住参加了讨论,不知不觉写了很多,现在就把它们整理一下,算是一个书评。也破了我只给好书写书评的纪录 (图 1 为黑天鹅)。

图 1　黑天鹅

所谓 "黑天鹅" 有两个特点:① 罕见 (不可预测);② 影响巨大。比如,911 事件和海啸等。Taleb 的定义其实还有第三条:③ 马后炮。说是这种事件发生后,人们通常都企图通过分析找出它的规律,从而使其成为可以预测事件。不过大家讨论的时候一般只注重前两条。

Taleb 的主要观点是,罕见的黑天鹅一旦出现,必然产生巨大影响,可以抹消平常小波动的累计效应,因而平常的小波动可以忽略不计。Taleb 甚至总结出一

数苑趣谈

套理论。说是平常的小波动产生于均值世界 (Mediocrestan)，而黑天鹅产生于极值世界 (Extremestan)。现实生活中对我们真正有影响的都是极值世界的黑天鹅，均值世界的东西影响可以忽略不计，这个世界基本上可以说是这些黑天鹅效应累计起来的。有鉴于此，那些在均值世界适用的理论在现实生活中没有什么用处，大学里讲正态分布纯属于混饭吃，你如果这辈子没有听说过钟形曲线算是你的福气……好了，Taleb 的谬论暂时说到这里，该说一说我们白天鹅的观点了 (图 2 为白天鹅)。

图 2　白天鹅

首先，我们来看一看均值世界的事件的影响是否可以忽略不计。诚然，一个九级地震可以在几分钟的时间夺去成百上千，甚至上万的生命。但是，一个九级地震这样百年不遇的黑天鹅所影响到的人数却比不上很多随时存在的小事件，比如世界上因车祸而死的人数就比因一个九级地震而死的人多得多。而车祸事件就是均值世界天天发生的可以有模型的事件。再比如，一个百年不遇的海啸，在几个小时的时间里可以毁掉几千甚至上万栋房子。但世界上被白蚁毁掉的房子比它要多得多,虽然这个过程或许要几十年,但它影响的人却要多得多。这也是一个均值世界随时都在发生,可以有模型的东西。就拿 Taleb 多次举例用到的畅销书来说,《黑天鹅》这样的黑天鹅,最多是对 Taleb 本人有很大影响,对广大读者来说,买《黑天鹅》这本书的钱只是他买许多书中的一部分。绝对不能说几本畅销书累计起来就构成了出版史。再比如,全球变热,绝不是爆一个原子弹,或发一场百年不遇的大火这些黑天鹅事件所引起的。更重要的因素是人类日常生活习惯所产生的长期效果。总结起来,我们的结论与 Taleb 的论断恰恰相反。这个世界不是黑天鹅的效应累计起来的,为数众多的白天鹅累计效应才是这个世界的重要组成部分。相对于白天鹅事件来说,这些黑天鹅事件效果可以忽略不计。黑天鹅事件之所以显得影响巨大只不过是因为它们来得突然,单位时间效应很大,给人们留下很深的印象而已。人们一般都对突出的东西有印象,而不一定对重要的东西有印象。比如一个人脸上有个痣会给你留下很深的印象,但他脸上最重要的眼睛、嘴巴和鼻子却不一定会给你留下什么印象,因为这些东西大家都有,很普遍。

其次,我们再来看这个世界是不是如 Taleb 所说几乎都是极值世界,钟形曲线毫无用处。波士顿科技博物馆里的数学宫中有一个一面墙似的透明玻璃箱(图3)。玻璃箱里面横插着许多小棍子。顶端正中有一个孔,里面不断有乒乓球一样大的小木球往下面掉。小球在掉下来的时候碰到那些横插的小棍子,随机地往左或往右掉。再碰到下一个棍子又随机地往右或往左掉。就这样不停地或左或右,一直掉到最下面堆积在那里。虽然小球每一次向左或向右都是随机的。但下面堆积起来的小球总是形成几乎完美的钟形曲线。这个玻璃模型箱实际上向人们展示了统计上的一个重要定理——中心极限定理。这个定理说不管什么随机分布,重复多次以后,它们的均值都呈正态分布,也就是钟形曲线。我们平常所关心的许多量都可以看成是不断重复以后的结果,所以钟形曲线总可以用上。在理论上,从微观的统计物理到宏观的天体物理都会有钟形曲线的应用。在现实生活中,钟形曲线的应用更加广泛。比如每个人的身高,对一个人来说基本上是一个常数,对一个群体来说就呈正态分布。小孩子成长过程中,医生总会告诉你他(她)的身高在同龄人中处在什么位置。甚至连一些抽象的量,比如智商,也呈正态分布。事实上,许多年前有一本很有争议的关于人类智商的书,书名就叫《钟形曲线》(*The Bell Curve*)(图 4)。其他的例子举不胜举。人口普查用钟形曲线作模型,FDA 对新药的批准也是以正态分布为依据的。可以说钟形曲线无处不在,而不是如 Taleb 所

数苑趣谈

说这个世界几乎都是极值世界。

图 3　钟形曲线

图 4　《钟形曲线》封面

Taleb 很喜欢走极端。为了要把他的片面想法推广，不惜夸大事实。如果他说钟形曲线有时有用，但在金融上不好用。这或许是事实，因为他在华尔街干过，对金融的东西或许有很深的认识。但是，如果只说钟形曲线在金融上不好用，标题就不响亮了。为了达到语不惊人死不休的效果，标题一定要响亮，夸大或歪曲事实也没有关系。于是就有了诸如 "The Bell Curve, That Great Intellectual Fraud" 这样的耸人听闻的标题。

为了书卖得好，书中到处都是这样 "惊人" 的句子。说我们连明天是不是还活着都不能有准确的答案，居然还有人去关心小小的基本粒子是测得准还是测不准。欧几里得研究三角形在他眼里是一钱不值的，因为大自然从来就没有真正的三角形。因为他崇拜 Mandelbrot，就把他说成是全世界最有思想的数学家，别的都是跟屁虫。Mandelbrot 的分形 (Fractal) 比三角形、四边形更自然。我想问他开车为什么不走 Peano 曲线。他的口号是 "一个例子就可以打翻你的所有理论"。他没有搞清楚他的例子或许根本就不满足数学家的理论的要求。他根本搞不懂数学家为什么要严谨，要抽象。他在书中把搞量子力学的人都叫作 Phony。他真懂量子力学吗？他自己自称是哲学思想家。他的书中充满了夸张狂妄的哲学论断。有一位数学家对《黑天鹅》作评论时说 Taleb 是 "reckless at times and subject to grandiose overstatements; the professional statistician will find the book ubiquitously naive"（时常草率，甚至无限夸大，职业统计学家会认为此书充满了幼稚）。

我完全同意上面那个数学家的评论，还要加一条："你如果没有看过《黑天鹅》，是你的福气！"

(2011 年 4 月 27 日)

参 考 文 献

[1] http://en.wikipedia.org/wiki/Nassim_Nicholas_Taleb#Praise_and_criticism.
[2] http://www.ams.org/notices/201103/rtx110300427p.pdf.
[3] http://www.amazon.com/Bell-Curve-Intelligence-Structure-Paperbacks/dp/0684824299.

3.3 作家笔下的数学与数学家

不久前看了新拍的大型故事片 *Titanic* (《泰坦尼克》),感想很多。尤其是对里面的一些技术细节,本来想就此写一篇放到这里。写了一半,又看了另一部电影《心灵捕手》(*Good Will Hunting*, *GWH*),与数学很有关系,于是就把 *Titanic* 放下,写写 *GWH*。

GWH 讲的是一个具有超级数学天才的麻省理工清洁工的离奇故事。清洁工小伙子没有受过什么高等教育,却可以在扫地之余,在黑板上随便画画就解决了第一流数学家几年都解决不了的问题。或者是在餐纸上胡乱涂两笔就得出了女朋友 (哈佛大学学生) 有机化学考试题的答案。故事编得很稀奇,很讨观众的喜爱,票房结果还不错。但影片对数学的描述,以及对一个获过菲尔兹奖的数学家的处理让我很不舒服。

菲尔兹奖相当于数学界的诺贝尔奖。据说诺贝尔的女朋友被一个大数学家拐走了,他恨透了那个数学家。牵连下来,祸及无辜,在他设奖的时候就没有设数学奖 (这个后来被人否定,但流传往往不以其真实性为依据)。菲尔兹奖弥补了这个空缺。但因菲尔兹奖每四年才颁发一次,而且只颁发给四十岁以下的年轻数学家,相对于每年都有的诺贝尔奖来说,难度要大许多。得菲尔兹奖的人都是当今数学界的领袖人物。走到哪里都被当作神一样来看待。而 *GWH* 里这清洁工把一个得了菲尔兹奖的麻省理工教授当垃圾一样,挥来呼去,当小孩一样来教训。甚至有一个镜头是这个菲尔兹奖得主跪在地上去抢救一张被清洁工有意烧掉的写有数学证明的纸条。这也太过分了点,弄得这些搞数学的一点尊严都没有了。

GWH 用爱因斯坦、拉马努金 (Ramanujan) 来比喻这个清洁工。意思是说他与他们是一个数量级的,而且都有相同的背景。也就是说都是从默默无闻一下跳到科学前沿。但我们知道,从瑞士专利局出来的爱因斯坦,并没有对玻尔、海森伯这些人不尊重。从印度来到英国的拉马努金对发现他的大数学家哈代 (Hardy) 也是相敬有加。并没有像 *GWH* 里的清洁工一样把一个一流数学家当垃圾。

顺便扯点题外话。爱因斯坦大家都知道,但知道拉马努金的人也许不多。拉马努金是数学史上的奇才。他的数学可以说都是自学的。没有受过正规教育,却对现代数学有惊人的洞察力。他解决了一系列超难度的数论问题,而且为后人开创了许多新的方向。我的印度朋友告诉我,拉马努金在印度是家喻户晓的英雄人物。最近读一篇关于拉马努金的传记,才知道他不是一般的呆。因为专注数学,他对其他课完全不重视，竟然到了多门不及格而毕不了业的地步。因为他是天才，别人又给他一次机会，他竟然还是毕不了业。没有学位，找不到工作，后来混到饭都吃不饱的地步。他给许多人写信，其中一封写给当时的大数论家哈代，里面列了一大堆等式、方程，都是他发现的"定理"。但信中没有证明。哈代回信让他补上证明。拉马努金回信说："我如果在信里写下我的思路你肯定看不懂。我想要告诉你，请用你的传统证明方法验证我给你的这些公式。如果这些公式是对的，这说明我的方法是有根据的。我现在最需要的就是像你这样的知名学者承认我是有价值的。我现在几乎饿得半死。有了你的承认，我就可以在这里搞到一些钱……。"可见他还不是完全呆，知道给自己找路。

拉马努金对数字有特别的敏感。据说在他生病住院的时候，哈代去看他。进门就说，我今天来时坐的车，车牌号是 1729。这真是一个最乏味的数，找不到一个有趣的性质。谁知拉马努金却说，你完全说错了，我的朋友。1729 这个数真是太有意思了。它是第一个可以用两种不同方式写成两个数的立方和的数 ($12^3 + 1^3 = 9^3 + 10^3$)。

GWH 的问题不光表现在清洁工的行为方面。从技术上，也就是从数学上来说，这样的数学天才也是不可能存在的。电影里说，清洁工看见数学、化学问题就像莫扎特看见钢琴上的键盘，感觉自然就来了。这真是乱弹琴。需知道，音乐可以凭感觉，而以逻辑思维为依据的数学是不可以单凭感觉的。现代数学发展到今天，各种概念与理论都包含很深的思想，已经不可能仅凭一点感觉就走到第一线。也许有人会说，难道不可以突然冒出一个天才，摒弃一切现有概念，凭感觉创造出一套他自己的体系来解决现有问题吗？我说不可能。不管是什么体系，要解决现有问题，至少要看懂是什么问题。现代数学上的绝大多数前沿问题，单单是看懂题目就需要许多专业训练，而不可能凭感觉得到。比如现在数学界的第一大问题：黎曼猜想。要把这个猜想讲清楚，就需要很多"感觉"不到的知识。当然，对好莱坞的东西也不能要求太高。他们关心的只是是否卖座。我只是觉得他们这样平庸化数学比较容易让公众对数学的认识更加扭曲。

电影或者小说要写数学家，那是很好的事，但他们常常为了讨好观众而人为地夸大或扭曲一些事实。比如，一般公众心目中的数学家形象都有一些扭曲。大家认为数学家都是不食人间烟火，行为怪僻的人。似乎大学数学系的人都要修一门"怪僻课"。如果有谁表现正常，就会有人感到惊讶。常常有这种情况，新认识的朋友对我的最大恭维居然是："你看起来简直不像学数学的。"听到这种恭维真是让人哭笑不得。学了一辈子数学,竟然还没有学像。

(1998 年 12 月)

3.4 讽刺幽默大师：汤姆·雷尔

汤姆·雷尔 (Tom Lehrer) 是有史以来最有才华的讽刺幽默大师。这是他光盘前言的第一句话。没有加通常的 "One of ..."，而是直接的 "Most Brilliant" (最优秀)。这样赤裸裸地鼓吹，抓眼球是抓眼球，但通常没有什么分量。真正吸引我注意力的是前言中另外一句话：雷尔是一个数学家。

很多做理论研究的人都喜欢在自己的专业以外发展些业余爱好，据说爱因斯坦就很喜欢拉小提琴。但真正闹出点名堂，搞得全世界都知道的人却不多。而在这些少数搞出名堂的人中，又以物理学家 (比如卡尔·萨根)，化学家 (比如艾萨克·阿西莫夫) 居多，数学家几乎没有。唯一的例外大概要算 Theodo Kaczynski。他的信封炸弹闹得满球风云，一不小心，这个 Unabomber (信封炸弹王) 成了世界上最知名的数学家。除了这个反面例子以外，别的数学家在数学以外闹出名堂的还真没听说过。现在见到这里有一位，当然不能放过，一定要听一听。

这一听就入了迷，真的是爱不释手。觉得这 Most Brilliant 好像也有一点道理。他的最后一次演唱会是 1967 年开的，对于像我们这些过了十几年后才到美国来的人，几乎都没有听说过他。现如今被我偶然发现，像是无意中遇见了宝藏，不敢私藏，赶紧着要拿出来与人分享。

雷尔应该算是神童。十八岁就从哈佛大学数学系毕业，十九岁拿到硕士学位，然后接着在哈佛大学读博士。这期间他的音乐天分开始冒了出来。他出生于犹太人家庭，从小就被父亲逼着花大量时间学钢琴，所以也算是有些童子功。开始只是小打小闹，写一些歌在私人聚会或者酒吧里唱。唱多了以后就开始出唱片。原来的打算只是想能保本就不错了，只出了几百张。没想到一下就卖光了，而且订单从全国各地寄来。据他说开始的订单都是从各大学城寄来的，可见他的歌在知识分子里特别有市场。他的第一张唱片只花了十五美元的录音费，却卖出了三十七万多张。这赢利与成本的比例大得出奇。唱片出多了，就被请到全世界各地去办演唱会。他把这当成是周游世界的机会，没去过的地方邀请他，他就去。几百场演唱会下来，全世界各大洲都被他走遍了。我们前面提到的最后一次演唱会就是在英国办的。后来由其组编的幽默节目 Tom Foolery 在英国风行几十年。由于这些演唱，他的研究生也读得断断续续。中间还被征兵，到部队待了几年。到后来已经成了名人的他又回到哈佛大学去接着读博士。照他自己的话说，他想破哈佛大学读研究生最长年数的纪录 (前后读了十六年)。他十七岁时为哈佛大学球队写的歌，直

数苑趣谈

到现在仍然是球赛中场休息的主题歌。他的唱片前前后后卖了几百万张，经济上来说，他应该不用工作了。但他后来却一直在哈佛大学，加利福尼亚州立大学等学校教数学，因为他还是觉得更喜欢数学。

再回头来说他的歌，要讽刺一种现象常常要把事情推向极端。照雷尔自己的话说，不推向极端就不能引人发笑，就达不到预期效果。极端再向前一步就要出格。雷尔的歌有好几首被人们认为很出格，不被人接受，也就是现在人们说的比较另类。曾经有个中学老师在学生面前放了他的 *The Vatican Rag*，第二天就被学校开除了。这首歌是讽刺当时教堂的商业化。(..., There the guy who's got religion'll / Tell you if your sin's original. / If it is, try playing it safer, / Drink the wine and chew the wafer, / Two, four, six, eight, / Time to transubstantiate! ...) 他的另一首讲贩毒的 *The Old Dope Peddler* 也被认为很出格，在电台播放时被群众抗议，甚至在澳大利亚被禁演。(... Spreading joy whereever he goes, ..., Doing well by doing good)。另外还有 *I Want to Go Back to Dixie* (... whuppin' slaves and sellin' cotton ...)。还有一些歌，虽然没有出格，但确实很另类，单看下面这些歌的名字就可以感觉到：*Smut, The Masochism Tango, Poisoning Pigeons in the Park* 等。

当然他的歌并不全都是这样的，其他很多都很幽默风趣，否则我也不会如此喜爱他的歌。

The Hunting Song (... I went and shot the maximum the game laws would allow, / Two game wardens, seven hunters, and a cow ...),

National Brotherhood Week (... It's fun to eulogize / The people you despise / As long as you don't let 'em in your school ... / Be nice to people who / Are inferior to you / It's only for a week, so have no fear/ Be grateful that it doesn't last all year)

Pollution (... Just go out for a breath of air / You will be ready for medicare, /.../ The breakfast garbage that you throw into the bay / They drink at lunch in San Jose /...).

So Long Mom (A song for world war Ⅲ)) (... Goodbye Mom, / I'm off to drop the bomb, / So don't wait up for me, / ... / I'll look for you when the war is over / An hour and a half from now!)

作为数学家，他的歌里当然少不了数学。他居然能把 Analytic and algebraic

topology of locally Euclidean metrization of infinitely differentiable Riemannian manifold 这样的抽象得不能再抽象的长句子搬到他的歌里，使得像我这样的搞数学的人有回了家的感觉。[*Lobachevsky*] 讽刺搞研究的人剽窃 (... The secret of success in mathematics: Plagiarize! / Plagiarize / Let no one else's work evade your eyes / Remember why the good Lord made your eyes / So don't shade your eyes / But plagiarize, plagiarize, plagiarize / Only be sure always to call it please "research" ...)。

[*New Math*] (... Base eight is just like base ten, really – if you are missing two fingers ...).

他的歌只看歌词是不够的，一定要听才能欣赏到他的才气。他有很好的钢琴功力，自弹自唱，手快嘴也快。一道四则运算 (342 – 173) 被他唱得妙趣横生。甚至完全由化学元素名字组成的歌也被他唱得韵味十足。(有人把这首歌搞成 Flash 形式，可在下面地址找到：http://www.quigmans.com/abc/tomsmovie.swf)。一首家喻户晓的名歌 (*Clementine*) 被他用歌剧、Rap、Bop 等多种形式各唱一遍，让人捧腹不止。

我最喜欢的一首是讽刺核武器泛滥的 (*Who's Next*)，现全文抄在这里供大家欣赏：

First we got the bomb, and that was good,
'Cause we love peace and motherhood.
Then Russia got the bomb, but that's okay,
'Cause the balance of power's maintained that way.
Who's next?

Then France got the bomb, but don't you grieve,
'Cause they're on our side I believe.
China got the bomb, but have no fears,
'Cause they can't wipe us out for at least five years.
Who's next?

Japan will have its own device,
Transistorized at half the price.

数苑趣谈

South Africa wants two, that's right:
One for the black and one for the white.
Who's next?

Egypt's gonna get one too,
Just to use on you know who.
So Israel's getting tense,
Wants one in self-defense.
"The Lord's our shepherd" says the psalm,
But just in case we better get a bomb.
Who's next?

Luxembourg is next to go,
And (who knows) maybe Monaco.
We'll try to stay serene and calm,
When Alabama gets the bomb.
Who's next?
Who's next?
Who's next?
Who's next?

这些歌词本身就很有趣了，经他的嘴唱出来更是妙趣横生。我不敢说他是全世界最有才气的讽刺幽默大师（因为除他以外我没有听过别的讽刺幽默大师的作品，没有比较），但我个人认为他的歌是非常有趣的，值得强烈推荐。如果有兴趣，可以到 Amazon 去买。最近出的全集共三张光盘，名字叫 *The Remains of Tom Lehrer*。如果你借到了这盒全集，我建议你从第二盘或第三盘开始听。第一盘的歌出格的比较多，如果对他的歌没有太多了解，你不一定会喜欢。说实话，他的一些歌太过于另类，我到现在仍然觉得接受不了。估计主要原因是，我不了解当时的社会状况以及他所讽刺的一些具体事例。好在他的大多数歌我都能欣赏，而且都觉得很不错。第一盘是完全的歌曲录音。第二盘和第三盘是演唱会录音，每首歌前都有他的介绍，幽默风趣，本身就是一种享受。(演唱会也有单独出光盘，名字叫 *An Evening (Wasted) with Tom Lehrer*。) 我在网上还发现一篇最近对他的采访，很有意思。网址是 http://www.smh.com.au/articles/2003/02/28/1046407753895.html?oneclick=true。

可以读一读，对他有更深的了解。

希望你能像我一样喜欢汤姆·雷尔。

Enjoy!

(2004年9月22日)

3.5 书评:《经度》

上次推荐的书数学性太强,许多人或许不会感兴趣。今天又想起另一本去年读过的好书,《经度》(Longitude),与数学关系不大,应该算是科学史吧。

假如你在大海中航行,如何判断你所在的地理位置,也就是你的经度与纬度。由于不同的纬度有不同的地理特性,纬度的判断比较简单,看看太阳的高度就可以解决问题 (晚上如果天晴还可以看看北极星的高度)。经度的判断比较麻烦。同一纬度上不同经度的地方没有什么地理区别。

聪明的人动点脑筋后会说,这有什么难的,看看日出时间不就可以解决问题吗? 不错,如果你有一个标准参照系的话 (也就是说你有一个准确的非当地时间),你就可以拿太阳出来的时间与另一地的标准时间做比较,从而判断出这里的经度与另一处的经度之差。但我们今天已经习以为常的标准时间在三百年前是没有的。那时候的时钟每天差几分钟是很正常的 (一分钟的时差就是好几十公里的距离)。出海航行几个月,差出来的时间可以说与出海时的时间已经没有什么关系,更不能用它来判断什么经度了。

由于不能准确地确定船的经度,许多船出海后就找不到要去的地方。有时为了找一个岛,往东走两天觉得不对又折回去往西走三天。许多出事的船都是因此而起。死人的事经常发生。有时候连死几百人。这严重影响航海事业。欧洲各国政府都出重赏征求确定经度的方法。英国政府的奖金更是高达两万英镑。

大家都认为这是一个天文问题,都朝这个方向努力。这里面包括牛顿、欧拉这些大名鼎鼎的人物。牛顿提出的办法是把当时能观测到的星体都标出来,做成星图。从不同经度上看到的星体之间的关系是不一样的。通过观测和一定的推算就可以确定自己的位置。但这种方法需要很麻烦的观测和大量的运算 (最快要四个小时)。而且当时的星体图也不完善。当时英国皇家天文台的一个天文学家观测几十年,但迟迟不把观测结果交出来,说是还没测完。牛顿利用他是皇家协会会长的地位把观测图偷出来,再配上他的方法出了一本测经度的书。该书共印四百本,那位天文学家很生气,一个人买了三百多本把它们都烧了。还说是帮牛顿遮羞,因为那些星图并不准确。

当时还有许多别的办法,甚至巫术。但出乎大家意外的是,这项奖最终被一个无名的钟表匠 (John Harrison) 领了去。他通过一系列发明解决了许多影响钟表准确性的因素,比如温度、震荡等。即使用今天的眼光去看他的许多发明,仍然不得不感叹其巧妙。现在的机械表的很多原理都可以追溯到他的发明。他做的钟送到海上去，半年下来，平均每天只差一秒多。他所做的有些钟（包括送到海上去接受检验的）现在仍在大英博物馆里展览。

这本书讲述了他的艰苦一生。他为钟表的准确性所作的种种努力，以及在争奖过程中所遇到的重重困难（因为与他争奖的都是大人物）。值得一提的是，在他的钟表还没有通过检验时，英国政府就让他预支很多钱以使他能专心造钟，相当于现在的项目资金。我想或许正是因为对研究开发这样的开明鼓励，才使得他们能赶超别的国家，达到世界上领先的地位。书上就扯得更玄了，说是因为他们掌握了经度的测量，使他们的航海业比别的国家都要发达，从而造就了后来的日不落大英帝国。

无论从人文还是科技的角度来看，这都是一本值得一读的好书。

(2005 年 4 月 8 日)

第四篇

数学八卦——史事轶文

4.1 数学史上的一桩错案

4.2 游戏人生——纪念趣味数学大师马丁·伽德纳(1914—2010)

4.3 运交华盖欲何求

4.4 趣味题目专栏的八卦

4.5 数学竞赛及其他

4.1 数学史上的一桩错案

从前，教微积分时感觉最难过的关就是极限的概念。反反复复许多遍很多学生仍然是不得要领。有关极限的题目当然大多数人都不会做，偶尔不小心做对了也是因为考试前刚好复习过同样的题目，概念上是绝对没有搞清楚的。大多数学生见到极限的题目就头痛。一直到下半学期讲到洛必达法则，学生们高呼救星到了，甚至埋怨我为什么有这么省事的公式不早点教，害得他们辛苦大半学期。没有极限概念哪里来的导数，没有导数又怎样用洛必达法则。这中间的道理学生们是不会去管它的。总之有好公式不用就是老师坑人。几学期微积分学下来，大多数定理概念都已经还给了老师，但洛必达法则是一定记得住。这是他们最喜欢的公式，而且把它当作仙丹妙药 (图 1)。

如果
$$\lim_{x \to c} f(x) = \lim_{x \to c} g(x) = 0 \text{ 或 } \pm\infty,$$
$$\lim_{x \to c} \frac{f'(x)}{g'(x)} \text{ 存在, 并且}$$
$$g'(x) \neq 0 \text{ 对所有 } x \in I \text{ 且 } x \neq c,$$
那么
$$\lim_{x \to c} \frac{f(x)}{g(x)} = \lim_{x \to c} \frac{f'(x)}{g'(x)}$$

图 1　洛必达法则

洛必达法则对许多极限问题确实很有效。不过很奇怪的是，历史上其他的数学家：高斯、欧拉、莱布尼茨、黎曼等在数学的各个领域都留下了他们的名字。唯有这洛必达就只有孤零零的这么一个定理。能研究出这么重要的一种算法，怎么能在其他方面没有丝毫建树呢？原来，洛必达并不是什么大数学家。这所谓的洛必达法则也不是他证明出来的，而是他花钱买来的 (图 2)。

洛必达是一个贵族，业余时间喜欢搞一些数学，几乎到了上瘾的地步。甚至不惜花重金请当时的大数学家伯努利兄弟给他长期辅导。可惜他的才气远远不如他的财气。虽然十分用功，但他在数学上仍然没有什么建树。伯努利兄弟当时正与莱布尼茨这样的大数学家交流合作，又正赶上微积分的初创时期，所以总有最新成果教给洛必达。这些最新成果严重地打击了他的自信心。一些他自己感到很得意，废寝忘食搞出来的结果，与伯努利兄弟教给他的最新结果比起来只能算是一些简单练习题，没有丝毫创意。另一方面，这些新结果又更激起了他对数学的痴迷。他

数苑趣谈

继续请伯努利兄弟辅导,甚至当他们离开巴黎回到瑞士以后,他还继续通过通信方式请他们辅导。如此持续了一段时间,他的"练习题"中仍没有什么可以发表扬名的东西。他内心深处越来越丧气,却又不甘心,心想,我对数学如此热心,一定要想办法在数学上留下一点东西让人记住我的名字。终于有一天,洛必达给伯努利兄弟之一的约翰写了一封信,信中说:

> 很清楚,我们互相都有对方所需要的东西。我能在财力上帮助你,你能在才智上帮助我。因此我提议我们做如下交易:我今年给你三百里弗尔(注:一里弗尔相当于一镑银子),并且外加两百里弗尔作为以前你给我寄的资料的报答。这个数量以后还会增加。作为回报,我要求你从现在起定期抽出时间来研究一些固定问题,并把一切新发现告诉我。并且,这些结果不能告诉任何别的人,更不能寄给别人或发表……

图 2　洛必达头像

约翰·伯努利收到这封信开始感到很吃惊。但这三百里弗尔确实很吸引人。他当时刚结婚,正是需要用钱的时候。而且帮助洛必达,还可以增加打入上流社会的机会。约翰想,洛必达最多不过就是拿这些结果到他朋友那里去显示一下,没什么大不了的。算盘打下来,这笔交易还是比较划算的。于是,他定期给洛必达寄去一些研究结果，洛必达都细心地研究它们，并把它们整理起来。一年后，洛必达出了一本书，题目叫《无穷小量分析》(就是现在的微积分)。其中除了他的"练习题"外，大多数重要结果都是从约翰寄来的那些资料中整理出来的。他还用了一些莱布尼茨的结果。他很聪明地在前言中写道：我书中的许多结果都得益于约翰·伯努利和莱布尼茨，如果他们要来认领这本书里的任何一个结果，我都悉听尊便。伯努利拿了人家的钱当然不好意思再出来认领这些定理。这书中就包括了现在的学生们最喜爱的定理洛必达法则。伯努利眼睁睁看着自己的结果被别人用，却因与人有约在先而说不出来。洛必达花钱买了个青史留名，这比后来的人花钱到克莱登大学买个学位划算多了。

当然伯努利不愿就此罢了。洛必达死后他就把那封信拿了出来，企图重认那越来越重要的洛必达法则。现在大多数人都承认这个定理是他先证明的了，可是人们心中先入为主的定理名字恐怕是再也变不回来了。

(1998 年 7 月)

4.2 游戏人生
——纪念趣味数学大师马丁·伽德纳 (1914—2010)

马丁·伽德纳 (Martin Gardner) 是公认的趣味数学大师。他为《科学美国人》杂志写趣味数学专栏,一写就是二十多年,同时还写了几十本这方面的书。这些书和专栏影响了好几代人。在美国受过高等教育的人 (尤其是搞自然科学的),或许没听说过菲尔兹奖得主丘成桐的名字,也不一定知道证明费马大定理的 Andrew Wiles, 但很多都知道 Martin Gardner。许多大数学家、科学家都说过他们是读着伽德纳的专栏走向自己现有专业的。他的仰慕者 (就是通常所说的粉丝) 众多,从哈佛大教授到公司小职员,覆盖面很大。他的许多书被译成各种文字,影响力遍及全世界。有人甚至说他是 20 世纪后半叶在全世界范围内数学界最有影响力的人。著名数学家 John Conway 和他的合作者把他们的名著《取胜之道》献给伽德纳。献词说:"献给马丁·伽德纳,在数学上受益于他的人以百万计,远远超出其他任何人。"对我们这一代中国人来说,他那本被译成《啊哈,灵机一动》的书很有影响力,相信不少人都读过。

《啊哈,灵机一动》的封面

让人吃惊的是，在数学界如此有影响力的伽德纳竟然不是数学家，他甚至没有修过任何一门大学数学课。他只有本科学历，而且是哲学专业。伽德纳从小喜欢趣味数学，喜欢魔术。读大学时本来是想到加州理工大学去学物理，但听说要先上两年预科，于是决定先到芝加哥大学读两年再说。没想到一去就迷上了哲学，一口气读了四年，拿了个哲学学士。用他自己的话说，搞哲学的人除了教书没有别的出路。为了谋生，他开始当自由作家，写小说，写杂文卖给杂志。第二次世界大战时，他当了四年海军，在甲板上构思他的小说。回来后先到芝加哥又读了两年书，然后到纽约继续当作家。主要是为一个儿童杂志 (*Humpty Dumpty*) 写专栏，甚至还为妇女杂志写文章。当然，他仍然没有丢掉他的业余爱好，魔术。有一次他在纽约的一个魔术爱好者聚会上听到一个折纸游戏，里面有很多数学内容。这个游戏是普林斯顿四个学生发明的 (其中包括大名鼎鼎的物理学家 Feynman, 统计学家 Tukey, 计算机早期领军人物 Tuckerman)。他完全被这个游戏吸引住了。聚会完了以后他专程开车到普林斯顿找发明人中的两个人继续探讨这个问题，回来后，以此为题目写了一篇文章投给《科学美国人》杂志。文章写得很好，不但立即被接受，他还接到主编的电话问他还有没有更多的类似题目为杂志搞个趣味数学专栏。他立即回答说："有。"实际上他在这里演了一场空城计。放下电话他立即跑遍纽约各大书店买下所有与趣味数学有关的书，从此开始了他长达四分之一个世纪的趣味数学专栏。

　　开始几期都是他自己在各种书上找题目。他不是数学家反倒成了优点，因为他首先要自己搞懂，然后再用非数学家的语言写出来。他本来就是一个很好的作家，他的思路和语言一下就得到大家的认同。许多读者用书信方式与他讨论他的专栏题目与内容。每期都要收到几百甚至上千封读者来信，在没有电子邮件的年代这可是一个不小的数。还有人给他寄题目，这下就解决了题材问题。他在专栏里对给他正确解答的人都给出姓名、工作单位。这就使更多的人愿意同他交流。这些人中有中学生、大学生，还有知名学者。比如：John Conway, Roger Penrose, Carl Sagan 等等。与这些知名学者的交流又进一步拓展了他的视野，他的专栏题材也由浅到深，从初等数学进步到高等代数，到拓扑，有些甚至接近到数学研究的前沿。比如 RSA 公开密码理论就是这理论的发明者 Ron Rivest 通过伽德纳首次公布于众的。事实上，他与这些知名学者的交流是互益的。他学到了知识，知名学者也通过他把理论传给了大众。比如，John Conway 的生命游戏 (*Game of Life*)，通过他的专栏走向了全世界。据说他那期专栏出来以后的一段时间，全世界有一

数苑趣谈

半的计算机都在运行这生命程序 (那时的计算机原本都是用来干正事的), Conway 也因此打响了名气。与此类似的例子还很多, 好些东西在伽德纳介绍以前没有太多人知道, 一经他的专栏介绍便流行起来。比如 MC Escher 的画, 魔方, Hex 游戏等。

当然, 他也不是只谈严肃的数学, 也经常有一些趣味轻松的题目, 甚至还与读者开玩笑。有一年的四月, 他在专栏里提到一些新发现, 比如爱因斯坦的相对论被否定, 国际象棋问题被解决 (先走第四个兵就能保证赢), 四色定理有了反例, 达·芬奇发明了抽水马桶等。这本来是他给读者开的一个愚人节玩笑, 但是由于他写得很严肃, 再加上读者对他的完全信任, 许多读者把他的这些话当真。几千封读者来信塞满了他的信箱, 其中有很多来自大学物理教授、数学家。这些人认真地向他解释他文章中关于相对论的悖论应该如何解释, 相对论不可能被否定。其他的问题当然都有认真的读者来质疑。他虽然觉得这个玩笑开得不错, 但考虑到读者们太容易把它当真, 以后再也没有开过愚人节玩笑。

他多才多艺, 写作并不只限于数学, 也写小说、评论。在他写的七十多本书里, 最畅销的是一本关于《爱丽丝奇游记》的点评。《爱丽丝奇游记》的作者 Lewis Carroll 是一个数学家 (可以说是数学家中最著名的小说家)。Carroll 喜欢在他的小说里穿插数学游戏, 也喜欢玩文字游戏。伽德纳的点评把这些隐藏的数学与文字游戏向读者显示出来, 类似于金圣叹点评《水浒传》。点评出来后好评如潮, 几十年来印了很多版, 而且还被翻译成许多文字, 总印数在百万以上。

他几乎一直不停地在写, 一直到去世前, 九十多岁高龄的他都还有新书出版。有人称赞他书写得很多, 他说一点不多, 比起我的朋友阿西莫夫来说差太远了, 他写了三百多本书。伽德纳与阿西莫夫等二十人有一个科普作家俱乐部, 每个月聚会一次。有意思的是, 这个俱乐部必须要有人退出才能有新人加入, 很有秘密组织的味道。著名计算机专家 Knuth 说, 伽德纳之所以能写那么多书, 是因为他没有计算机来分散他的注意力。实际上他曾经有过一台计算机。他在计算机上下国际象棋到了疯狂的地步, 以至于他看什么都是棋盘。直到有一天, 他看见洗手池也变成了象棋盘, 毅然决定戒棋, 连计算机也一起戒了。他说计算机给人类带来很多好处, 但也让一些人变得很懒, 连最基本的四则运算都不会算了。他举例说有一次他的专栏出了一个简单的题目, 让大家找一个包括从 1 到 9 所有数字的 9 位数, 满足条件: 前两位数整除 2, 前三位数整除 3, ⋯, 一直到前九位数整除 9。他在专栏里说满足这些条件的数是唯一的。有几百个读者不同意他关于唯一性的结论，说可以找到两个解。有意思的是，所有人给出的另一个解都是同一个数，这个数的前八位数不能被 8 整除。他后来发现这些人犯同一个错误的原因是他们都用小计算器，而小计算器在数字太多时不显示余数。他说他们只需要用手除一下就好了，但是这几百人宁肯买邮票寄信，也不愿用手验证一下。

前面说到，伽德纳被认为是全世界在大众数学中最有影响力的人物。全世界几十亿人，能有这么一个"最"已经是很了不起的事了。更了不起的是，另外还有一个领域他也被认为是全世界最有影响力的领军人物。这个领域就是反特异功能、反伪科学。由他倡导成立了一个世界范围内的伪科学与特异功能调查委员会 (Committee for the Scientific Investigation of Claims of the Paranormal)。这个委员会还有专门的杂志，从《科学美国人》退休后，他又开始为这个杂志写专栏。委员会由许多大科学家组成，还包括一些魔术大师。他说许多特异功能其实就是一些魔术，由于掩盖得巧妙不容易被人识破。最著名的例子是英国大物理学家泰勒，写了几十页的文章来证实他所见到的一个有特异功能的人，后来被伽德纳他们证明他是上了大当。这让我们想起中国一个著名的大物理学家力挺耳朵识字功能的故事。伽德纳把他反伪科学与特异功能的许多例子写进了一本书，书名是《以科学的名义：跟潮与谬误》(Fads and Fallacies in the Name of Science)。这本书很畅销，被认为是怀疑主义的经典著作。

伽德纳的仰慕者众多，甚至有一颗小星体以他命名。这些仰慕者每年搞一次聚会，在聚会上展开一些伽德纳所感兴趣的活动与讲座。到如今这个聚会已经办了很多届，而且有很多大科学家参加。任何有兴趣的人都可以参加这个聚会，没有时间和精力的人至少可以到它的网页去看一看：www.g4g4.com (Gathering for Gardner)。

他的写作和生活都由他的兴趣所引导，没有固定方向。想到什么就搞什么，搞出任何东西就写出来。他好奇心强，对什么都有兴趣，写的书也包罗万象。比如，他的一篇名著题目是《亚当，夏娃有没有肚脐眼》，里面有他对从 UFO 到弗洛伊德等各种事情的评论。有人说伽德纳除了不能用锯片弹音乐，别的什么都能做。他自己在一次记者访问时说："我一辈子都在玩，幸运的是有人出钱让我玩。"

对伽德纳来说，生命就是游戏。

数苑趣谈

马丁·园丁
数坛耕心
育人无数
千古垂青

(2010 年 8 月 16 日)

注：Martin Gardner 或许译成高德纳更合适。可是高德纳这个名字已经被另一个名人给占了。Donalkd Knuth 在他的主页上用的中文名就是高德纳。

4.3 运交华盖欲何求

大清早就被天花板上一串串"扑噜"声给吵醒，原来是松鼠钻进了阁楼，在上面乱跑。上了阁楼才发现通风窗被咬了一个大洞，松鼠进来过冬来了，赶紧去 HomeDepot 买材料来堵洞。阁楼面积很大却很低，尤其是靠边部分，跪下去也直不起腰来。要在这里敲钉补片很是不容易，想转身换个姿势，不是碰了胳膊就是挂了腿。这情形让我想起了鲁迅先生的名句："运交华盖欲何求，未敢翻身已碰头。"据说交了华盖运的人命运多折磨。所谓多折磨当然不是在阁楼里补洞这样的小麻烦，而是人生艰苦，多灾多难。最近读书读到一个真正多灾多难的人，一辈子没有顺利过，绝对是交了华盖运。我读的文章大多数与数学有些关系，这篇也不例外。现在把它当龙门阵写出来，一方面给大家添一点饭后谈资，另一方面也让大家体会自己生活的幸运。一年多以前，佩雷尔曼 (Perelman) 因为解决了庞加莱猜想而被授予数学界的最高奖菲尔兹奖。在当年的数学家大会上佩雷尔曼拒绝领奖，在数学界掀起了一个不小的风波。不过，佩雷尔曼不是第一个拒绝领菲尔兹奖的人。早在 1966 年，格罗滕迪克 (Grothendieck) 就因抗议苏联对东欧的侵略而拒绝领奖。不搞数学的人大概不太知道格罗滕迪克这个人。这个人算是数学领域里大牛中的大牛，即使是在菲尔兹奖获奖者中也算是出类拔萃的。他被认为是 20 世纪最伟大的数学家之一。有个故事说，他读本科时为了从数学上搞清楚什么是长度、体积这些概念，竟然独自发明了勒贝格测度理论。后来他想以此迅速混一个博士学位，被告知别人已经搞出来了，只好另找题目。当时刚得过菲尔兹奖的施瓦兹 (Schwartz) 给他一篇自己刚写的文章，文章后列了十四个未解决的问题。几个月后，格罗滕迪克把它们全解决了。想象一下：一边是刚得过菲尔兹奖的顶尖数学家，一边是从乡村来的受教育残缺不全的学生。他的数学才能可想而知。他对数学许多分支都有贡献，最重要的大概要算代数几何，称他为现代代数几何之父也不为过。数学的东西扯起来就没完，这里就不多讲了。他数学能力上出类拔萃，性格怪异也可说是奇葩异放，拒绝领奖只不过是冰山一角。他热衷于政治活动，搞环保，反军备，反核武器，而且不单自己搞，还组织自由团体，成立人民公社，后期甚至完全放弃数学投身政治运动。一般来说，搞数学的人如同艺术家，性格比大众独特一些。但格罗滕迪克的举动已经超出了独特的范畴，实在是不可思议。怎么会形成这种性格呢？据说要了解他的这些性格的形成，必须要先了解他的父母。他的父亲，亚历山大·塔纳罗夫 (Alexander Tanaroff)，就是我们要讲的那个交了华盖运的人。

塔纳罗夫1890年出生于俄罗斯与乌克兰边界附近。十五岁就参加了反沙皇游击队，到处打仗。不幸的是，不到两年，他和他的同志全部被捕，他的同志全部被枪决。他因为年纪太小，被免予处死。这免予处死并不像听起来那么幸运。连续三周，他每天都被拉出去陪杀场，而且他并不知道自己被免予处死，等于是三周之内每天死一回，所谓九死一生也没有如此残酷。小小的年纪就受这样的精神折磨，没弄成精神病已经是大幸了。他在沙皇的监狱里呆了十年。乘着十月革命和第一次世界大战的混乱，他逃出了监狱。出来以后他立即投身于无政府主义的农民军中，继续为自由而战。很快就又被布尔什维克给抓住，而且判了死刑，这次没有了年龄的保护。幸好有他的同志帮助，被枪决之前，他逃了出来。越狱时，他失去了一只胳膊，成了残废。出来后苏联已经没有他呆的地方，只好跑到西欧，用假护照在西欧各国到处流窜。塔纳罗夫并不是他的本名，只不过是他最后一个护照上的名字。先是在德国，后来又到法国，相当一段时间以在街边为人照相谋生。不过他生性叛逆，不愿老老实实地呆在一个地方过平民生活。法国没有可折腾的，他居然跑到西班牙去帮助人家打内战。他的人生目标就是为自由、自主而战。在西班牙战败以后他又逃回法国。而这时的法国(第二次世界大战)也不是他可以安身的地方。首先他被西班牙政府通缉，在法国又是非法移民，再加上他的犹太人身份，整天生活在恐慌中，真正是"未敢翻身已碰头"。后来终于被收进著名的 Vernet 集中营，再被遣送到德国，最后送进了奥斯威辛集中营。犹太人进了奥斯威辛集中营等着的只有死路一条，他当然也不例外。在现有的对犹太人大屠杀死难者名单中可以找到塔纳罗夫的名字。

格罗滕迪克其实没跟他的父母呆多久，五岁多就被放到寄养人家里。不过他血管里流着他父亲叛逆的血，不安于平静的生活，总是要折腾。有人或许要说，格罗滕迪克和他父亲的磨难都是他们自己折腾出来的。确实，性格决定命运。面对决定命运的大事，不同性格的人的处理不一样，结果也不一样。他们的性格总是使他们在大事面前选择不平凡的路走，或者说总想折腾，所以才会引来这些磨难。现在有研究表明一些性格受基因影响。或许格罗滕迪克和他父亲都有这种"爱折腾"的基因。格罗滕迪克最后折腾累了，竟然放弃现代文明，搬到山村里做隐士去了。这算是实现了鲁迅先生诗文的最后两句：

躲进小楼成一统,管它冬夏与春秋!

(2009年2月2日)

4.4　趣味题目专栏的八卦

有读者抱怨说，我们的专栏越来越难，越来越专业化。不知道这是从何说起。从第一期到现在，我们的题目都没有超出高中数学的内容，怎么谈得上什么专业化。至于难易就很难掌握了。在有人嫌难的同时，还有人问：哪里有真正需要动脑筋的题目？可见要照顾到所有人的水平几乎是不可能的。当然，我们要尽量做到使大部分的人有兴趣。有鉴于此，我们这期来一些大众化的题目。

说到大众化趣味问题，在美国的人大约自然会想到 Marilyn vos Savant。她是美国 Parade 杂志的专栏作家。该杂志随美国各大报纸发行，每周一期。读者将近一亿。她的专栏题目叫 Ask Marilyn。有点像国内报纸上的《冯大夫信箱》之类的。不过，她的专栏里的题目不是限定于某一个方面，而是政治、经济、文化、娱乐、道德、伦理、科学、宗教、趣题、异闻等等包罗万象。其中占得比较多的还是各种趣题。所以说起大众化趣味问题，我们就会想到她。

Marilyn vos Savant 在吉尼斯世界纪录大全上被列为全世界智商 (IQ) 最高者。这个事实也总是写在每期的专栏栏目下，大约是为了增加她的专栏的权威性。聪明的女人做起事来当然与一般的女人不一样，常常有惊人之举。比如，她把她的姓改为 Savant (学者、先知的意思)。改名的人不少，但改姓的人不是太多 (改为夫姓除外)，尤其是改成这种惹眼的名字。她前几年的另一个惊人之举是，当全世界知识界欣闻费马大定理终于得到证明的时候，她却站出来说这种证明不算数，费马大定理并没有被证明。她还为此写了一本书。她对现有证明的反驳并不是技术上的 (那几百页的证明估计她也看不懂，而是从方法论上来反驳的。基本思想是说现有证明所用的方法和工具改变了原来的题目。数学界的人当然知道她的说法是错误的，但一般人并不能很清楚地做出这种判断。她的那本书居然打进全美畅销书前十名。有兴趣的读者可以去找来看一看。这本书的名字是 *The World's Most Famous Math Problem*: *The Proof of Fermat's Last Theorem and Other Mathematical Mysteries*。以她这种身份地位，竟然不顾自己的声誉，不惜与全世界数学家作对，跳出来说出自己的想法，还是很需要一些勇气的。

所谓"木秀于林，风必摧之"。她的特殊地位必然招来许多人的嫉妒 (其中以男人居多)。她竟然是 IQ 最高，而且敢叫 Savant，看我不挑出她一些漏洞来。挑名人的漏洞是最划算的事了。挑错了自然，因为她是名人嘛。挑对了自己也因此而成名。所以常常有人挑她专栏的漏洞。甚至有人设计的衣服上大书 "Marilyn is

Wrong"。还有人专门搞了一个网页来攻击她。大约一个月以前,就有这么一个挑漏洞的例子。她解了一个读者提的统计问题,一些人(包括许多受过高等教育的人)认为有错。于是她把支持与反对的信都刊登出来,并再次做了解释。谁知新的解释反倒引来更多的反对。用词非常激烈。"我发誓再也不读你的专栏了""爱因斯坦都有承认错误的时候,你为什么死不认错""国际 IQ 协会应该以你做反例说明 IQ 数与智力没有关系"等。甚至还有人提出要与她赌 1000 美元来说明谁对谁错。有一封支持信是从一个在美国原子能控制委员会工作的人那里来的。于是有一封反对信说:"我已经给国会写信,让他们解除这个人的工作。我不放心把原子能控制这样重要的工作交给连这么初等的问题都想不清楚的人。"反对信满满一页,比原来的题目好看多了。Marilyn 当然不会被这些东西吓倒,自然坚持她的观点。我们必须要说明,在这个问题上,她是正确的。

由于自视聪明,她觉得大学教育枯燥无味,读了两年就退学了。她的理想是当一名作家。当作家首先得经济独立。于是她退学后开始搞金融投资、房地产之类的。或许由于她的聪明,或许由于她的运气,5 年后她赚够了钱,开始了她无忧无虑的写作生涯。关于她的故事很多,有兴趣的读者可以自己去搜来看。

(1997 年 10 月 29 日)

4.5 数学竞赛及其他

最近一期美国数学会的 *Notice* 上有一条小新闻，说是美国高中生与俄罗斯高中生在去年的国际数学奥林匹克竞赛中得了个并列第四。并列第四当然不错，但没拿到第一就与美国公众中的老子天下第一的形象不合，所以这条新闻也没在大报中出现。三年前，美国高中生一不小心得了个第一名，便上了《华盛顿邮报》和《纽约时报》的头版。去年的第一名当然是中国，不知有没有上《人民日报》头版，也许没有，因为中国的新闻界大约已经习惯了我们的高中生在这种竞赛中拿一、二名。连我们这些看新闻的人都已经很习惯了，没拿第一才是新闻。好多年没关心它了，*Notice* 上的这篇小新闻又勾起了我头脑中沉睡已久的数学竞赛情结。

数学竞赛有很多级别。中学的、大学的、市里的、省里的，甚至全国的。最高级的当然就是国际奥林匹克数学竞赛。我这辈子最大的遗憾之一就是没有能参加过任何一个级别的数学竞赛，连小学数学竞赛都没有参加过。"文化大革命"以前倒是年年有数学竞赛，可惜那时候我年龄太小，没能赶上。"文化大革命"以后又恢复了数学竞赛，我却已经高中毕业，没有资格参加了。读大学时倒也赶上过校内数学竞赛，但却规定数学系的人不能参加。总之，我是每个阶段都错半步。别人说生不逢时，总是以历史大事为背景，我却常常拿数学竞赛当坐标。

正规的竞赛没有参加过，但题目却没有少做。"文化大革命"时就把之前的题目找来做，"文化大革命"后更是每期都不放过。每次别人刚竞赛完就赶紧去要题来做。偶尔拿到最新的国际奥林匹克数学竞赛题，那就更是没日没夜地做。这么大的热情，似乎是想说明什么问题。其实，如果真给我机会让我去参加一次竞赛，说不定就名落孙山，被一棍子打死，这热情自然就没有了。但这一棍子始终没有打下来。而我这种盼打心理到读研究生时还很旺盛。直到有一次在中国科学院数学研究所与人打桥牌，同桌的其余三人分别来自北京大学、中国科学技术大学和复旦大学。当时刚好赶上数学竞赛结束，大家自然就聊起数学竞赛来。这一聊才发现他们三人都有全国数学竞赛前三名的头衔。而我却只能在赛后做题目过干瘾，连"孙山"都没有见过。这盼望多年的棍子没想到从牌桌上打下来，心里很不是滋味。搞得好好的一副小满贯也被我打宕了。从那以后再也没有做过数学竞赛题。

到了美国以后，又接触到数学竞赛。而且 Putnam 数学竞赛允许数学系的人参加了，可惜只限于本科生。其实即使可以参加，我也不好意思去。因为有不少同系的教授给 Putnam 出题，大家平时一起午餐时常常拿那些参赛人的笑话下饭。

开始时还把题目找来看看，后来连题目也不看了。

Notice 的文章中还顺便给了一个去年的题目做例子。既然做起来，一道题当然不过瘾，于是把全套题目找来做了一遍，顺便看了一些相关资料。搞清楚了国际奥林匹克数学竞赛的规程。每年的竞赛有六个题目，每题 7 分。分两天进行。每天三道题，要求在四个半小时内做完。这些资料很详细，其中有个表格把所有参赛人的姓名、国籍、每道题得多少分都写得清清楚楚。这一看才知道，这次竞赛一共有六个人得了满分 (42 分)，中国人没有一个得满分的，但都在 37 分左右，所以总体成绩第一。每个国家六人，中国队总分是 223。这份表中最让我吃惊的是，竟然有十几个人得零分，有三十多人得一分。要知道，每次的题目都有一两道题是送分题。这些各个国家选出来的尖子们竟然连送分题也不会做，有不少还是来自教育很发达的国家，简直有点让人不可思议。说到送分题目，下面这道题是 1998 年竞赛的一道题，至少第一部分应该是很容易做的。附在这里，讲数学竞赛的文章以数学竞赛的题目结尾，也算恰到好处。

把一个平面按整数格点分为一个个单位小正方块，并把它们染成黑白相间的颜色 (如同国际象棋盘)。现在考虑一个以坐标原点为顶点的直角三角形，其一条直角边是 X 轴，长度为 M，另一条直角边为 Y 轴，长度为 N。这个直角三角形所包含的部分有黑有白。用 $S1$ 表示黑色部分的面积，用 $S2$ 表示白色部分的面积。现在定义这个直角三角形的色差为

$$F(M,N) = |S1 - S2|$$

其中 | | 为绝对值符号。下面的 $\text{Max}(M,N)$ 表示取 M, N 中的最大值。

A. 请计算当 M, N 同为偶数或同为奇数时 $F(M,N)$ 的值。
B. 请证明对任意 $M, N, F(M,N) < \text{Max}(M,N)/2$。
C. 请证明 $F(M,N)$ 没有上界。也就是说不存在一个常数 C 使得 $F(M,N) < C$ 对任意 M, N 都成立。

(1998 年 11 月 1 日)

第五篇

百花园——数学杂文

- 5.1 数学札记
- 5.2 中文在算术上的优势
- 5.3 爆炸性新闻
- 5.4 漫谈积分
- 5.5 关于小行星撞地球
- 5.6 消失在翻译中
- 5.7 愚人税
- 5.8 四度隔离
- 5.9 围棋与桥牌之难易
- 5.10 从数字看网球、羽毛球及乒乓球
- 5.11 几何与神
- 5.12 闲聊扑克
- 5.13 关于中医的一段对话
- 5.14 以有涯随无涯
- 5.15 π日趣谈
- 5.16 上帝掷骰子——2008年美国统计年会杂记
- 5.17 谁想当数学家?——2005年美国数学年会杂记

5.1 数学札记

5.8 级的地震刚过，百年不遇的台风 IRENE 又来赶热闹，整个美国东部顿时紧张起来。电视上说新泽西马里兰一带有人购物买水做准备，把商店的货物架都搬空了。波士顿地区没听说有搬空商店的情况，但大家还是做了一些准备，孩子学校已经来电话说有可能推迟开学。结果却让孩子们很失望，IRENE 悄悄地来了，又悄悄地走了，影响没有预计的那么大。带来的云都以小雨的形式洒在了地下，所以志摩诗的最后一句还是可以用上，"不带走一片云彩"。当然，局部地区的小破坏还是有的。我家附近一根电线杆被吹倒的树挂倒，停电数小时。停电那一刻让我想起我的一个侄儿在 Facebook 上的留言：

台风来临清单：笔记本一小时，三个 DS 各一小时，DIX 四小时，共八小时。

原来这些电玩都是为停电准备的。像我们这些从前在完全没有电的地方生活过的人，停几个小时电没有什么可怕的。先是与女儿下了几盘围棋，然后她去弹钢琴，我去看书，一切都很自然。

停电期间翻了几本数学杂志，选几篇有意思的短评一下。

1. 数学资深会员

在最新一期美国数学协会的会刊上，美国数学协会主席说，长期以来，数学领域的各种奖都发给了那些最最优秀的数学家，很大一部分 (不是最最) 优秀数学家被冷落了。我们需要一种新的体制来鼓励、表彰、确认这些优秀数学家。所以，美国数学学会准备建立资深会员制 (Fellow)，希望大家投票表决是否有必要。会长说别的协会 (比如美国工程协会等) 都有资深会员制。这种制度可以提高数学家 (和数学协会) 的知名度，为他们的研究提供方便，也可以提高大家的工作激情。同期杂志上也登了反对方的意见。反方意见说数学家最可贵的东西就是纯洁，追求的是绝对真理，不受外界的影响。引进资深会员制就是在数学家中搞等级，会造成不必要的隔阂。而且，为了谁成谁不成资深会员的问题，必然会有争斗，会让许多数学家把宝贵的研究时间花在这些争斗上。最后说，我们不需要等级制度来划分我们。让我们能成为一个没有任何前缀的数学家而自豪吧。

我觉得正反两方是从两个不同的视角在看这个问题。数学会长是把数学家作为一个整体，与外面比较。别的学科有资深会员，简历上可以多写一项。数学家与别的科学家竞争时就少一个优势。而且，拿菲尔兹奖之类的大奖对绝大部分数学家来说是不现实的期望，设立资深会员制给大家多一个盼头。而反方是从数学家内部来看问题的。资深会员制必然产生内耗，引起山头主义，后患无穷。

双方的考虑都有道理，关键是要看这个制度怎么管理。可以从别的学科借鉴好的管理经验。当然，只要有人为的参与，总会有这样或那样的非数学的因素。最后怎么决定就要看大家的表态结果了。

2. 数学与物理

数学大师丘成桐于 1977 年证明了 Calabi 猜想，并因此得了菲尔兹奖。Calabi 猜想说复流形在某种条件下存在某种好的黎曼度量，其中的一种情况是 Ricci 曲率等于零，这种流形被称为 Calabi-Yau 流形。按大家通常的认识，满足数学家各种抽象定义的东西 (比如这 Calabi-Yau 流形，紧致 Kahler 还加上什么陈示性类消没等) 与现实的东西没有什么关系。没想到这 Calabi-Yau 流形不但与现实有关，而且还相当有关。

爱因斯坦的后半生都在致力于研究大统一理论，要把物理中各种力、场统一到一起。爱因斯坦没有成功，后人接着努力，提出了各种各样的理论，其中一个能够自圆其说的理论就是超弦理论。但是，超弦理论要把重力场、磁场等各种东西放在一起，四维的闵可夫斯基空间就不够了，需要至少用到十维。于是，有一种说法是在大爆炸初始阶段，十维中的六维迅速坍塌，卷在一起，剩下我们能看得见的四维时空。然而，另外的六维虽然坍塌了，它们还是必须满足爱因斯坦的场方程。1985 年的时候，物理大师 Witten 发现 Calabi-Yau 流形满足质量为零的爱因斯坦场方程。三维 Calabi-Yau 流形可以用来作为那坍塌的六维模型 (复数三维等于实数六维)。这个 Witten 据说是公认的继爱因斯坦之后最聪明的物理学家，他甚至还拿了数学界的菲尔兹奖。我有一次坐飞机时，邻座是一个普林斯顿的数学教授，他告诉我 Witten 进大学的本科是历史。真是牛人 (牛顿的牛) 啊。我们还是回头来说超弦。Witten 发现 Calabi-Yau 流形好用，马上飞去找丘成桐讨论。丘成桐告诉他说这个 Calabi-Yau 流形不唯一。也就是说那个坍塌的六维可以有不同的模型。最有意思的是，这看不见的六维中的模型还会影响到我们看得见的四维中的物理规律。这不是很奇妙的事吗！

粗看起来，这似乎是一个巧合。数学家在抽象空间中构造出来的东西居然可以在物理中有应用。其实，这已经不是第一次了。爱因斯坦在 1905 年搞出狭义相对论后，一直想把它推广，把重力场引进去。经过长时间的探索，他发现需要一个非欧氏空间的几何体来统一这套理论。从他的数学家朋友那里，他发现数学家黎曼早已经发展好了一套几何体系在那里，几乎完全就是他要的东西。他用这套东西搞出了著名的爱因斯坦场方程。照他自己的话说：在这套几何体下，重力只不过是几何度量的一种表现。其实，数学家希尔伯特也独立搞出了这个场方程。不过，爱因斯坦把这个场方程与物理结合起来，并设计出天体实验来验证他的理论。所以说广义相对论是爱因斯坦的，不是希尔伯特的。当然，许多数学家在这个基础上又做了一些抽象的推广。爱因斯坦甚至开玩笑说："自从数学家涉猎到广义相对论以后，我已经不懂广义相对论了。"

数学对物理的帮助其实不是单向的，而是有反馈的。数学在物理中的应用也给数学家一些提示。许多定理、理论就是在这些提示下产生的。超弦理论目前还只是一个理论，没有任何实验来验证它，甚至有可能以后会发现它是不对的。但是，因超弦理论而发展出来的数学理论和定理却不会因为超弦的正确与否而受任何影响。从这个意义上来讲，物理对数学的帮助不小于数学对物理的帮助。这种帮助还不只是限于概念上的提示，甚至对具体计算也有帮助。比如，Calabi-Yau 流形中，某种有理曲线的个数的计算一直是数学上的一个难题。对于度数为三的这种曲线，两个挪威数学家用代数方法算出来的个数是 2683549425。有意思的是，一组物理学家利用超弦理论里的镜像对称原理和物理直观算出来的个数是 317206375。双方都坚持认为自己的结果是正确的，互不相让，甚至在一个超弦会议上吵起来。后来的戏剧性结果是，数学家发现他们的计算程序里有一个 bug，改掉那个 bug 后，计算结果与物理学家一致。看来，物理问题还是物理学家说了算。有意思的是，到目前为止，那个物理直观所依赖的公式还没有得到证明。说到物理直观，最近看到一本叫作 *Street-Fight Mathematics* 的书，把物理直观推到极端，讲的全是用物理直观算题目，甚至教你怎样用物理直观算定积分。我对里面的东西有不少意见，但说起来话长，就此打住。

丘成桐最近写了一本书叫 *Inner-Space*，就是讲 Calabi-Yau 流形与那六维卷曲的小空间（所以叫 *Inner-Space*）。我看的这篇文章就是丘成桐为这本书做的宣传演讲。文章最后丘成桐说，我们数学家并不是大家想象的那样只搞与现实脱节的抽象的东西，我们搞的东西有应用。我们很正常，不是电影里描述的 MIT 清洁工那样的怪人。我们是要食人间烟火的。

3. 数学与网络

停电期间看的另一篇文章是陶哲轩的《数学与网络》。

陶哲轩何许人？菲尔兹奖获得者，神童中的神童。据他爸爸说，他两岁的时候，家里有聚会,看见他在教别的五岁的小孩做算术。家里人从来没有教过他算术,他自己说是看电视《芝麻街》学会的。也没有人教过他阅读,他说妈妈给他念书的时候他跟着看就学会了。11 岁上大学,20 岁拿博士,24 岁当正教授。

陶哲轩年轻,还长着一副娃娃脸。记得有一次美国数学年会,他被邀作大会报告。上千人的大厅里座无虚席,台下的数学家们听台上一个中学生模样的人作报告。当时感觉很滑稽。

两年前,陶哲轩被邀请到美国科学院作演讲。这篇《数学与网络》就是他的演讲稿。他在演讲中说,他作过很多数学讲座,但这种大型演讲(Speech)还只是第二次。上一次是他九岁时候作的,希望这次不要讲得像一个九岁小孩。顺便说一下,陶哲轩九岁时作的演讲网上也可以找到,有可读性。

陶哲轩在演讲中说,过去几十年意义最大的发明就是网络。网络影响了人类社会的每一个角落。他原来以为数学家待在象牙塔里不会受到太多影响。其实不然,网络对数学家的影响也越来越大。反映在数学家工作的两个主要方面,教学与研究。

从教学方面来讲,网络使课堂变得很灵活。学生可以利用网络与老师互动,当然也可以利用网络来作弊。网络也使课堂变大。一个现实课堂或许只有二三十人,但虚拟课堂可以有成百上千的学生。而且,虚拟课堂不受时间限制。他的一些旧讲义放在网上,很久以后都会有学生来提问题,继续学习。他还举例说,数学中有一个经典变换叫默比乌斯变换(Möbius transformation),被许许多多的老师教过上千遍。YouTube 上有个关于默比乌斯变换的视频,讲得比任何老师都好,已经被点击过几百万次。这就是大课堂。

从我的孩子的情况看,这种利用网络来帮助教学的现象不仅在大学存在,连高中甚至初中教学也已经很普遍了。学校经常让学生上网查资料做功课,家庭作业也是在网上公布,让学生自己去看或下载。我曾经想限制我女儿的上网时间,结果她告诉我做家庭作业需要上网。

再来看数学研究。陶哲轩说,从前一个人的研究结果只有很小圈子的人才能看到,等到大多数人看到出版物常常是好几年过去了。现在不一样了,现在有 Email,有数学资料库(Archive),每个人都可以自己印预印本 Pre-Print。甚至有些人干脆不投稿给正规杂志,直接把文章放在网上(比如证明庞加莱猜想的佩雷尔曼,把他的证明直接放到网上的数学资料库(Archive)里,到现在为止也没有把他的文章投给任何杂志)。另外,现在刚刚开始兴起的 Polymath 也是网络时代的产物。所谓 Polymath, 就是把一个题放在网上,大家你一言我一语,提出各种想法。只是提想法,并不需要具体解决到底 (可以验证别人的某个想法)。基本精神是任何人都不要企图从头到尾解决这个问题。大家根据别人的想法再产生新想法。这样下去,用不了多少时间一道难题就被解决了。这个方法已经有了成功的实例。

关于这个 Polymath, 以后有机会我会专门再讲。

4. 数学与计算机

计算机对应用数学的帮助是很显然的事。现实生活中的方程,比如气象、工程方面的,不论是偏微分方程还是常微分方程,甚至代数方程,绝大多数都没有解析解。要解决现实问题我们只能求数值解。求数值解必须要做大量的数值运算,这是计算机的强项。计算机的最原始功能就是做数值运算。事实上,在计算机出现以前,英文的计算机这个单词 Computer 是一个职业,就像现在程序员叫 Programmer 一样,专门做计算的人就叫 Computer(可以译成计算员)。第二次世界大战的时候,美国军方就雇有很多这样的计算员。随着计算机的出现和进步,计算员这个职业消失了,Computer 是机器,不是人。

这篇文章要说的不是计算机对应用数学的帮助,而是对纯粹数学研究的帮助。

或许有人要说,对纯数学的帮助也是很显然的。自从 Knuth 的 TeX 问世以后,纯数学家有相当一部分的时间都是在计算机上敲 TeX 或 LaTeX。TeX 对数学家发表学术文章当然是功不可没。与此相关的计算机作图功能也可以再加一枚勋章。但这些仍然不是这篇文章的重点。这篇文章所要谈的是计算机对纯粹数学研究的帮助。

大家要问的第一个问题就是,纯数学的研究需要的是创造性思维,计算机完全是听命于我们的程序,没有一点创造性思维的能力,怎么可以帮助数学家搞研究?我下面就从一个数学命题由猜想到定理的几个方面来回答这个问题。

一个数学猜想提出来了,或证明它,或反证它,或者加上条件从各个方面去逼近它。证明的问题我们后面再讲。反证或逼近 (或称之为验证) 这条路有很多可以用计算机来帮助。比如黎曼猜想。最开始的验证工作就是算出它的一些零点来(从虚部最小的算起)。刚开始时是用手算,算出 10 来个就很不得了了。后来改进了方法算得多一些,但真正的大量运算还是改用计算机以后。现在已经算到 10 的 12 次方以后。因为曾经有人预测反例会出现在第 3 亿个左右,所以算到 3 亿个算是一个突破。算得越多就给人越多的信心。这在某种程度上来说算是对纯数学研

数苑趣谈

究的贡献。

读到这里一些读者或许会问，说来说去还是纯计算，计算机能不能自己发现一些东西，比如，未知的公式什么的？

20 世纪有个很著名的数学家拉马努金，他的思路与别人不一样，不时发现新奇的等式。比如数论中一些函数的等式，或有关 π 的等式等等，连大数学家 Hardy 这样的人都感到很惊奇，别人去证明他的这些等式需要花很大的功夫。可是，像拉马努金这样的奇人一个世纪才出一个，一般人没有能力去发现这些新奇的公式。这又回到我们前面所提到的问题，计算机可不可以独立发现未知公式？

答案是肯定的。被评为 20 世纪十大算法之一的 RSLQ 整数关系算法就可以用来发现新奇的公式。下面这个关于 π 的公式就是用 RSLQ 算法发现的：

$$\pi = \sum_{i=0}^{\infty} \frac{1}{16^i} \left(\frac{4}{8i+1} - \frac{2}{8i+4} - \frac{1}{8i+5} - \frac{1}{8i+6} \right)$$

这个 RSLQ 算法还可以用来发现很多其他公式，其中许多公式都很有拉马努金公式的味道。这个算法甚至还发现了黎曼 Zeta 函数的一些生成函数，也就是说可以用它们来产生无穷多的关于黎曼 Zeta 函数值的公式。比如，下面这个生成函数公式：

$$\sum_{k=0}^{\infty} \zeta(2k+2) x^{2k}$$
$$= 3 \sum_{k=1}^{\infty} \frac{1}{k^2 \binom{2k}{k}(1-x^2/k^2)} \prod_{m=1}^{k-1} \left(\frac{1-4x^2/m^2}{1-x^2/m^2} \right)$$

右面展开以后，每一个 x 项的系数都是一个相应于左边同一个 x 项的黎曼 Zeta 函数值的公式。

一个很显然的问题是，什么叫"发现"了这些公式？有证明吗？

所谓 PSLQ 算法就是用任意精度的运算找出的相关数值的整数关系，但任意精度落实到计算机还是有一个精度，所以这些公式的发现还不能算是证明。

阿基米德有句名言说证明已经发现了的东西比没有线索时去发现它要容易。这些由 PSLQ 算法发现的公式有些是可以找到严格的数学证明的。当然，并不是所有这些公式都那么容易找到严格证明。

最可喜的是，这些搞算法的人又搞出一套证明算法，可以"严格"证明这些公式。上面那个关于黎曼 Zeta 函数的生成函数就是由计算机发现并证明的公式。

这就产生了一个非数学的理念问题，我们如何看待这些由计算机算法发现并证明的公式？不少数学家对这些完全用计算机推导证明出来的东西是不能接受的。

从前的数学，尤其是纯数学，全靠纸笔加大脑，别的只能起辅助作用。甚至为了纯粹的数学研究，对辅助工具的应用都有很多限制。比如我们大家熟悉的三等分角问题、倍立方体问题就对辅助工具有严格限制，只能用圆规、直尺，而且这直尺还不能带刻度。事实上，后来有定理说凡是通过圆规直尺可以得到的点，只用圆规也可以得到。这样一来，辅助工具又限制到圆规，直尺也没有了。如果没有这些限制，这些问题都不是问题。很多业余数学家不明白这点，所以常常看到有人说他找到了三等分角或倍立方体的方法。最搞笑的是，有些人的证明里不但直尺有刻度，圆规还可以有角度量。

对于只相信纸笔和大脑的数学家，不能接受这些完全用计算机推导证明出来的东西就是很自然的事。

其实，这个问题并不是现在才有的。著名的四色定理的证明就用到了计算机的帮助，验证上千个特殊地图。另一个用到计算机来证明（或验证）的定理是著名的开普勒 (Kepler) 定理。这个问题困扰了数学家几百年。后来有人提出几个步骤来证明这个问题，其中的最后一步用到计算机来验证。据说其源代码与验证所产生的数据有好几个 GB。对于这些借助于计算机来做大量验证的定理的证明，有相当长一段时间不被数学家们接受。现在情况要稍微好一点，大约是人们对计算机越来越信任。另一方面，一些人提出，有些定理，比如有限单群的分类定理的证明用到几万页纸，而且前后发表在上百本不同的杂志上。这种证明的可靠性不一定就比计算机证明的定理强。后来有一些知名数学家提议，今后把数学定理都贴上标签，比如计算机辅助、大规模合作、构造性证明等。

总体来说，计算机对数学（包括应用数学与纯数学）的帮助已经是一个不争的事实，而且会越来越多，越来越深入。事实上计算机对数学研究的帮助还有很多别的方式，我们这里就不一一列举了。

在结束本文以前，顺便提一下与此相关的一些趣事，算是对感觉前面部分太枯燥的读者的一种补偿。

前面提到一个由 PSLQ 方法找到的关于 π 的公式，这个公式值得专门写一写。

数苑趣谈

我们的祖冲之把 π 算到 7 位在当时是一个很了不起的事。那时没有什么公式，完全靠内接正多边形去逼近，算到 7 位数差不多要算到边数上万的正多边形，相当辛苦。现在有了公式，算起来就方便多了。有一个递推公式，每多推一次就可以把位数精确度提高 4 倍。1, 4, 16, 64 这样下去，开始那几项是完全可以手算的。有了这些公式，即使用手算也很容易算到几十位。

关于 π 的计算一直是搞计算的数学家们觉得有趣的试刀石。计算机的每一次升级都伴随着更多的 π 的位数的计算。我们知道，计算机速度的增长遵守一个摩尔规律，说的是计算机的运算速度大约每两年 (也有说是 18 个月) 就要翻一番。如果我们把 π 的位数的计算与计算机速度的增长做一个图，会发现这两个量几乎完全线性相关。现在有案可查的 π 的计算已经到了 10 的 13 次方。这就带来了一个问题，计算机程序出错是有可能的，我们怎么知道这些算出来的数字可信呢？前面提到的那个由 PSLQ 方法找到的关于 π 的公式有一个特性，那就是用它可以直接算出 π 的特定数段。比如，直接算从第 8 亿位开始的 π 的数字，而不用算前面的那些位数。有了这个特性，我们就可以用它来验证用别的公式算出的 π 值。随便挑出一截来，用这个公式验算一下，如果两个数值吻合，那么就可以几乎肯定这些数字不会错。

说到 π 的数字，我们知道 π 是无理数，也就是说它的数字永远不会有循环。曾经有人说，我们永远不可能知道 π 的数字段中会不会有 0123456789 连续出现。这些人没有想象到计算机的速度可以进展得这么快 (当然也因为有人发现更好的算法)，这个数字段被人在 1997 年发现。它出现在 π 的第 17387594880 位数开始的那十位数。甚至在 1989 年，英国数学家彭罗斯 (Roger Penrose) 还在他的名著《皇帝的新脑》里声称，我们几乎不可能知道 π 的数字中是否会有连续十个 7 的出现。结果这个数段也被找到了。它出现在 π 的从第 22869046249 位数开始的那十位数中。仔细想一想这其实不奇怪。π 的数字如果均匀分布，这些数字，0123456789 也好，10 个 7 也好，都是一个很自然的 10 位数，只要算的位数足够多，每个数字的出现几乎都是很自然甚至必然的事。常常有人说数学家大都是无趣的人。这个关于 π 的自然而又奇妙的小知识作为朋友聚会的话题或许会帮你扭转一些无趣的印象。

(2011 年 8 月)

参 考 资 料

[1] Opinion: AMS Fellowship Program. Notice of the American Mathematical Society, September, 2011.

[2] String Theory and the Geometry of the Universe's Hidden Dimensions. Notice of the American Mathematical Society, September, 2011.

[3] Exploratory Experimentation and Computation. Notice of the American Mathematical Society, November, 2011.

5.2　中文在算术上的优势

有报道说,英国教育考察团来中国时,对中国的九九乘法口诀印象深刻。据说中国的小孩比英国同龄小孩算术能力强很多。

一个自然的问题是,九九乘法口诀有什么神奇的地方?难道英国没有吗?英国当然有乘法口诀。事实上任何一种文明语言都有乘法口诀,只不过不见得有中文九九表这么简洁。本文要探讨的就是这个简洁在算术上的优势。

中国的高中生在国际数学奥林匹克竞赛上拿冠军已经不是什么新鲜事了。事实上,不拿冠军才是新鲜事。有人认为这是强化训练的结果,不能真正代表平均水平。小学生的国际竞赛不多,一般的小学生(不是选出来的那些)应该没有什么强化训练,他们之间的比较应该有一定的代表性。英国教育考察团看到的差距应该是真实的差距。

或许有人要说,中国的家长在小孩没有上小学以前就普遍开始强化训练自己的小孩,所以仍然没有可比性。那么我们再来看一般大众。根据我过去近 30 年的体验,美国大众的算术能力是很难恭维的。毫不夸张地说,如果没有收银机,商店里面许多收银员不能准确地找出零钱。反过来看中国的菜农,几乎从来不用计算器或纸笔。卖任何肉、菜或水果,从来都是一边称一边报价钱,说话都不停顿。当然,菜农也算是有强化训练,我们这里只是举一个大众例子。中美大众心算能力的差别,相信大多数在美国生活过的中国人都有体会。

这个差别是从哪里来的呢?有一种可能是中国人平均智商比美国人高。事实上,曾经有人做过这方面的统计。亚洲人的平均 IQ 是 106,美国白人的平均 IQ 是 100,黑人是 85。但是这个统计结果争议很大,照美国的时髦话说是"政治上不正确",所以我们还是不去碰这茬。我们假设大家的 IQ 都差不多,从另外的方面找原因。

我的理论是,中国人的平均算术能力高于美国、英国或者别的国家,主要得利于中文的数字发音简单。当然,这也不是什么新鲜理论,注意到这个优势的人很多,讲出来的也不少,但把它总结起来并加以量化的文章我还没见过,我这里就来试一试。

要量化总得要有数据。算术方面的数据不好比,比算术更初等一点的数数是可以比的。

芝加哥大学搞心理学的人 1985 年曾经做过一个实验。从中国台湾、日本和美国随机选许多小孩,测试他们重复数字的能力。先是两个数,然后是 3 个, 4 个, ⋯,读到 7 个数字的时候,美国和日本的一年级小孩不到 5% 的人能够重复出来。而中国台湾的一年级小孩 70% 都能重复出 7 个数字。这个现象在幼儿园的小孩与五年级的小孩也得到验证。美国和日本五年级的小孩,能重复出 7 个数的不到 30%,而中国台湾五年级小孩 90% 以上都可以做到。图 1 是数据图。上面是中国台湾小孩,下面是日本和美国小孩。从左到右是幼儿园、一年级、五年级。X 轴是数字个数,Y 轴是重复出来这个数的百分比。

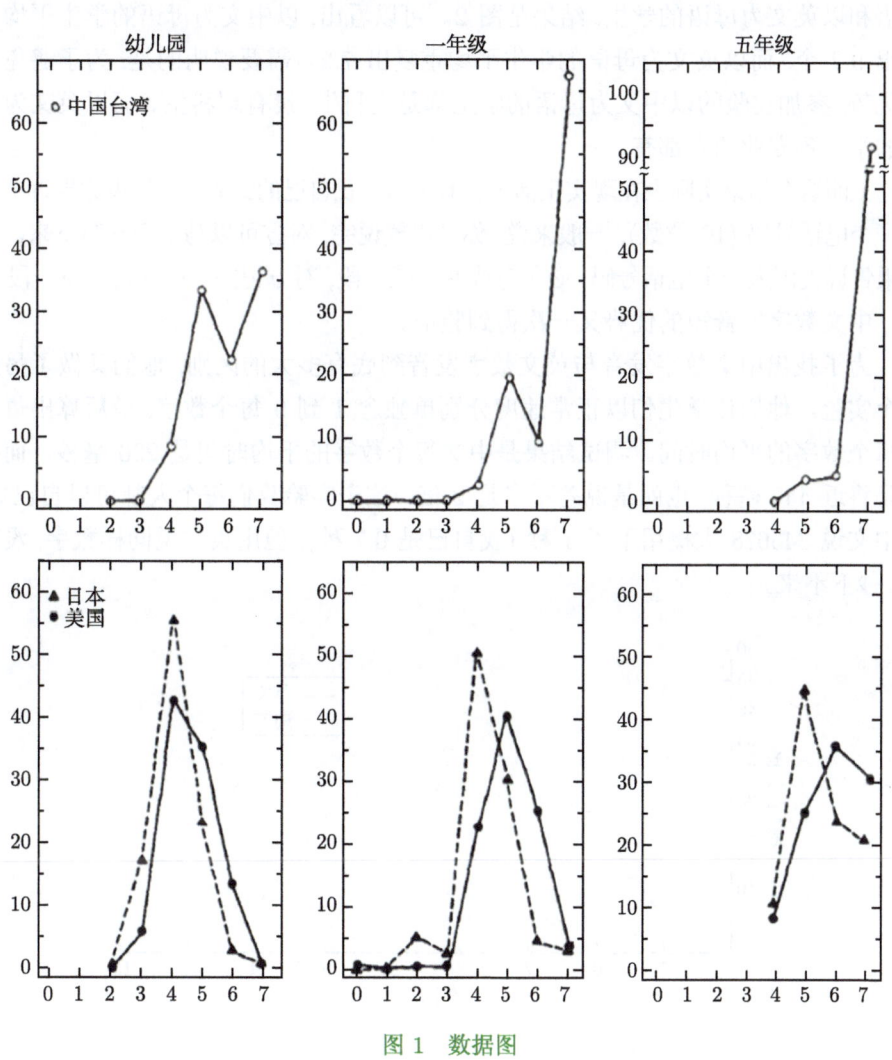

图 1　数据图

这些都是随机选出的小孩,不存在强化训练的问题。可以看出讲中文的小孩优势相当大。中国台湾小孩比日本和美国的小孩平均多两个数字以上。在这个基础上,他们还做了另一个实验,让小孩们把听到的数倒过来重复,比如听到 361578,需要重复出 875163。倒重复不但要记数字,还要用到别的能力。有意思的是,中国台湾小孩在这个倒重复的实验中不但没有优势,反倒有一些劣势。由此推出,这些小孩在顺读的优势不是因为他们天生聪明。一个自然的解释就是**中文数字发音有优势**。同样的实验又在大学生里重复。实验对象是在芝加哥大学读书的以中文为母语和以英文为母语的学生,结果是图 2。可以看出,以中文为母语的学生平均重复出 9.2 个,而以英文为母语的学生平均重复出 7.2。需要说明的是,为了避免专业优势,参加实验的以中文为母语的学生都是文科生,没有理科生。而以英文为母语的学生各专业的人都有。

上面这个结果实际上在现实生活中也有反映。我自己的经验是:如果你告诉中国人一个电话号码 (10 位数),一般来说,你一口气说完,对方可以马上把它写下来。但如果告诉美国人一个电话号码,必须分成两段或三段,对方记完一段你再念下一段。

中文数字发音短的优势又一次得到验证。

为了找出中文数字发音与英文数字发音到底有多大的区别,他们又做了另外一个实验。他们让学生们以正常速度分别单独念 1 到 9 每个数字,最后算出每个人每个数字的平均时间。测试结果是中文每个数字的平均时间是 220 毫秒。而英文是将近 440 毫秒,也就是说差不多是 2 倍。这个实验我们每个人都可以自己做。用中文说 345678 大概用不了 1 秒 (我自己是 0.7 秒),但用英文说同样数字,没有 1.5 秒下不来。

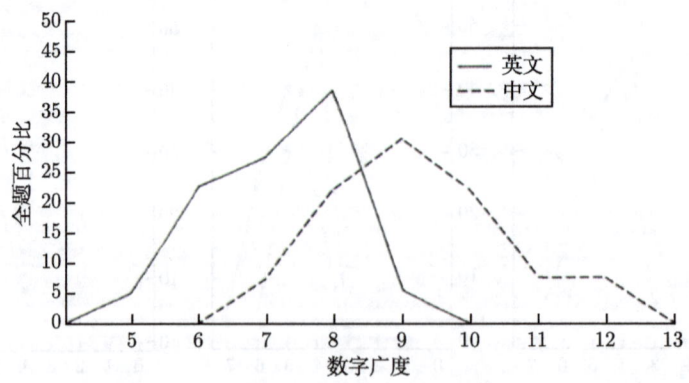

图 2　母语为英文或中文的美国大学生重复数字个数的分布图

设计实验的人觉得单独念每个数还不能说明问题,因为念多位数时每个数字中间的间隙也很重要。于是,又让他们念许多随机的 9 位数(包含 1 到 9),然后算出平均时间。这次的结果是,包含数字与数字间的间隙在内,中文发音每个字 406 毫秒,英文发音 527 毫秒。

这个数据非常重要。有专家认为,不管用什么语言,瞬间记忆的时间段是差不多的。在同样的时间里,念出的数字多就能重复多。406 与 527 的比例几乎正好是 7.2 与 9.2 的比例。这个结果验证了专家们的论断,也明确地建立了中文数字发音的优势。

关于这个瞬间记忆时间段,有一个著名的 Magic 7,说是讲英文的人一般只能记住 7 个数字。因为他们在这个瞬间记忆时间段内只能念出 7 个数。没想到这个规则到了讲普通话的地方,就变成了 Magic 9。更有甚者,到了香港,就变成了 Magic 10,因为广东话念数字比普通话还快。据说香港人大都能记住 11 位的电话号码。这个现象 Malcolm Gladwell 在他的名著 *Outliers* 里面有提到,有兴趣的可以找来看一看。

注意,上面说的是以正常速度念。如果要刻意加快,可以比 220 毫秒快一倍。我自己可以在 2.6 秒之内背出 π 的前 24 位数。平均时间低于 110 毫秒。

好了,上面几大段建立了中文数字发音的优势。下面我们就来看一下,这个优势是怎样影响算术能力的。

在中文里,帮助记忆的一个手段就是把要记的东西编成口诀。文字上的例子有《三字经》和《增广贤文》等。生活上的有各种谚语、二十四节气歌等。以前打算盘的时候,"三下五去二"和"六上一去五进一"等等都是念得滚瓜烂熟,用的时候都不用经过大脑想。现在不打算盘了,但九九表口诀还是要背的。由于中文数字发音短,九九表背起来很快,很容易。中文的"七七四十九""八八六十四"念出来明显比英文短。对我们成人来说,这个优势或许微不足道。但对小孩来说,在大脑发育过程中,瞬间记忆的时间段也是一点点增加的,如果这个时间段只够念七七四十九,而不够念 seven seven forty nine,那么中国小孩就有了不可否认的优势。对小孩子的算术来说,九九表几乎就是一切。难怪英国教育考察团对中国的九九乘法口诀印象深刻。这个优势一直延续到成年人,所以,平均说起来,中国的菜农比美国的收银员心算更厉害。

除了中文数字发音短这个优势以外,我个人认为中文还有另一个算术方面的优势,那就是中文是标准的十进制。这个优势没有发音短那个优势那么大,但对刚开始学数数的小孩来说,微弱的优势也是优势,有统计意义的东西可以影响平均水平。

什么叫标准的十进制? 中文数数, 从 1 到 10, 然后是 11, 12, ···, 21, 22, 完全规律化, 小孩数到 11 后就基本可以类推到 21, 31 等等。而其他语言就没有这么简单, 比如英文十几 (teen) 与二十几 (twenty ···) 不一样。俄语的十几与二十几也不一样。甚至到 40 又引进一个专门单词 сорок, 90 也不规律 (Девяносто)。最麻烦的是法语。英文的 fifteen, sixteen 好歹也与 five, six 有关。法语的 15(quinze) 与 5(cinq) 没有什么关系, 我想与 16 进制有关。麻烦还不止这些。法语的九十九直接翻译过来就是 4, 20, 10, 9 (quatre vingt dix neuf)。成年人对这些已经养成习惯, 但对刚学数数的小孩子, 这就是一个难处。对加法、乘法的进位都有影响。

下面是我学过的几种语言在数字上的比较:

语言	6	16	26	7 × 7 = 49	99
英文	six	sixteen	twenty six	seven seven forty nine	ninety nine
中文	六	十六	二十六	七七四十九	九十九
俄语	Шесть	Шестнадцать	Двадцать шесть	семь семь сорок девять	Девяносто девять
法语	six	seize	vingt-six	sept sept quarante neuf	quatre vingt $mbox dix neuf$

从这个表格看来, 中国的小孩学数数是最容易的。有统计数据表明, 中国小孩 3 岁就能数到 40, 而讲英文的小孩只能数到 15, 他们要到 4 岁才能数到 40。也就是说单从数字上来说, 讲中文的小孩在 3 岁时比讲英文的小孩有了一年的优势。这可是一个不小的优势。按照良性循环的原则, 讲中文的小孩在小学算术上一直领先也很正常。

上面讲的优势都是针对小孩子刚学数数的时候。学会数数以后, 不管什么语言, 成年人都已经把这些数深刻地印在脑子里, 用的时候得心应手。我曾经与一个法国朋友聊到这个话题, 让他念一段广告, 其中有某商品价值 $99.99, 他连续两个 quatre vingt dix neuf 念得非常流利。所以上面说到的优势对成年人没太大用。对成年人来说, 中文数字的优势在于大数。英文 (以及大多数其他语言) 没有"万"这个单位, 用到五六位数时就要折合成千。买房子的时候, 一个房子 85 万, 美国人就要说 850 千。或许有人要说这只是一个习惯问题, 没有什么优势可言。但我个人认为单位多一些总是有优势的, 好比计算机里 64 比特比 32 比特有优势。再说, 85 比 850 便于操作, 至少念起来要快一倍不止。

由于没有万这个单位, 美国人写大数都是每三位数一个分割。1234567890 通常写成 1, 234, 567, 890。而中国人写大数是每四位数一个分割。12, 3456, 7890。在这个数量级的大数上, 中文写法是否更有优势, 答案因人而异。我个人认为中文更有优势。

更进一步的大数, 英文就比中文有优势了。对于很大的数, 英文用 10 的 $3(N+1)$ 次方这个概念, 直接改 N 就行了。从 million 以后有 billion, trillion, quadrillion, quintillion, sextillion, $\cdots$, 完全就是 $N = 2, 3, 4, 5, 6, \cdots$, 而中文就麻烦了。很多人都不知道亿以后的单位。少数人或许知道万亿 = 兆, 万兆 = 京, 再大一点知道的人就很少了。说起来可能有人不信, 中国古人甚至把大数的单位一直定到 10 的 60 多次方。《孙子算经》有记载, 由小到大依次为一、十、百、千、万、亿、兆、京、垓、秭、穰、沟、涧、正、载、极、恒河沙、阿僧祇、那由他、不可思议、无量大数, 万以下是十进位, 万以上则为万进位, 即万万为亿, 万亿为兆、万兆为京, 万京为垓。按这样算, 我们平常说的恒河沙数等于 10 的 52 次方。这些大数单位记起来就没有英文那么方便了。当然, 最方便的还是科学语言, 直接用 10 的 N 次方。

另外还有一些与数字有关的东西中文也有优势。比如, 中文的月份只需记一个"月"字, 然后就是 1 月, 2 月, $\cdots$, 12 月。不需要记 12 个特殊单词, January, Feburary, $\cdots$, December。英文简写日期时也是用数字的。2013 年 2 月 19 日就是 2/19/13。February 与 2 就有了多余的对应。其他语言也类似。曾经看到过一种说法, 一个文明的先进程度的一种表现在于它能避免不必要的麻烦。在这个方面, 中文又胜出。

同样, 中文只需记"星期", 然后就是星期一、星期二, 不需要记 Monday, Tuesday 等。中文从前没有星期的概念, 从西方引进以后, 只保留了太阳日, 淘汰了月亮日、火星日、水星日等的叫法, 直接用数字, 非常方便。同样是引进星期的概念, 日本人就是硬引进, 日曜日、月曜日、火曜日、水曜日等, 明显不如中文方便。

其他还有一些例子, 就不一一列举了。

总结一下, 每个人的瞬间记忆时间段决定他 (她) 能瞬间记住多少。同样时间段内能念出多少数就能记住多少数。中文数字发音短, 单位时间内能念出更多的数, 所以讲中文的小孩瞬间能记住更长的数串。由于小孩的瞬间记忆时间段是逐渐增加的, 增到 0.8 秒左右时可以念出七七四十九, 就可以背九九表。而同样时间段英文 (及许多其他语言) 念不出 seven seven forty nine, 背九九表比较困难。而对小孩一二年级的算术来说, 九九表是最主要的东西。背熟了九九表, 一切都容易了。所以讲中文的小孩在算术上有优势。

特别提醒在国外的华人父母，一定要教小孩用中文数数，这个先天优势一定要充分利用。

(2013 年 2 月 19 日)

参考文献

(图表来源) Stevenson H W. 1986. Digit memory in Chinese and English: Evidence for a temporally limited store. Cognition, 23(1): 1-20.

注：为避免误会，本文讲的是算术能力，不是数学能力。数学能力需要很多创造性思维，不在本文讨论范围之内。

5.3 爆炸性新闻

据说有个人很怕坐飞机,说是飞机上有恐怖分子放炸弹。他说他问过专家,每架飞机上有炸弹的可能性是百万分之一。百万分之一虽然很小,但还没小到可以忽略不计的程度,所以他从来不坐飞机。可是有一天有人在机场看见他,感到很奇怪,就问他,你不是说飞机上有炸弹吗?他说我又问过专家,每架飞机上有一颗炸弹的可能性是百万分之一,但每架飞机上同时有两颗炸弹的可能性只有百万的平方分之一,也就是说只有万亿分之一,这已经小到可以忽略不计了。朋友说这数字没错,但两颗炸弹与你坐不坐飞机有什么关系?他很得意地说:当然有关系啦,不是说同时有两颗炸弹的可能性很小吗,我现在自带一颗。如果飞机上另外再有一颗炸弹的话,这架飞机上就同时有两颗。而我们知道这几乎是不可能的,所以我可以放心地去坐飞机。

相信大家都会觉得这个人的逻辑很可笑。但如果要说清楚他的逻辑可笑在哪里,就需要用到概率统计中的相关性、独立性等知识。对没有学过概率统计的人,虽然不一定说得清楚,但由于自带炸弹太过荒谬,也仍然能感觉到其结论的谬误。有些时候,两件事的相关性不像自带炸弹这么明显,那么由隐性相关而产生的错误结论就不容易被大众意识到。新闻媒体经常有意识或无意识地利用这一点来制造耸人听闻的爆炸性新闻。

几年前《北京晨报》刊登一篇新闻,题目是:"全球性调查报告:中国人均 19 名性伴侣,世界最多"。

这新闻的确是耸人听闻,但它与我这个中国人所了解的中国国情有巨大的差别,对我来说它确实有爆炸性新闻的效果。炸晕醒过来之后我就想,是我这个人出国太久与现实脱节,还是这新闻数字有问题?为了说明其数字的可信性,那篇新闻还对这些数字的来历作了详细说明。

[据杜蕾斯中国合资公司介绍,来自 41 个国家超过 35 万人参加了这次关于对待性的态度和性行为的调查。其中有超过 10 万 (108720) 的中国人参与了这项调查。在参与调查的中国人当中,男性为 87304 人,女性为 21416 人。在年龄分布上,以 25 岁至 34 岁年龄段的人为主。本次调查是通过互联网进行的。]

从这段文字看,参加调查的有 10 万人以上。10 万人的采样不算小,但关键是什么样的 10 万人,又是怎么采的样。新闻说"调查以 25 岁至 34 岁年龄段的人为主",这与新闻标题中"中国人均 19 名性伴侣"的"中国人"不合,因为有不少中国

数苑趣谈

人不在这个年龄段以内。那么如果在"中国人"前面加上"年轻"两字是否就准确了呢？也不见得。调查是通过互联网进行的。不上网的年轻人就不在它的代表范围内。另外，一般地说，性伴侣多（或幻想性伴侣多）的人比较愿意参加这样的调查。虽然匿名，仍然可以满足他们的虚荣心。严格说起来，我们至少可以说，上网参加调查的人平均应该比一般 25 岁到 34 岁的年轻人更活跃、更激进。也就是说他们不能代表 25 岁到 34 岁的大众。这就是我前面说的不容易被人意识到的隐性相关性。

这个调查最严重的问题还不在于隐性相关问题，而是调查的可信性问题。网上调查的真实性有多大？为了让大家信服这个网上调查，那篇新闻还引用了性学专家的话。

[中国性学会性医学专业委员会专家马晓年认为，网上调查有两个优点：成本低、讲实话。]

网上调查固然是成本很低，但讲实话却未必。这些年大家在网上混都知道许多人网上与现实生活完全是两个人。现实中撒谎还怕被别人揭穿，网上却可以信口胡说。恶心男可以是苗条女，中学生可以是大导师。君不见网上选举连狗都能当选，还有什么不可能？网上调查最大的缺点就是不能判别其真实性。殊不知，到了性学专家那里竟然变成了优点。性学家大约自己有 19 个性伴侣，于是想当然地认为这个调查可信。这十万人中，男性占八万多。众所周知的事实是，许多男人喜欢在这个事上夸张。性伴侣的调查不受寸数限制，更可以随便乱填。现实生活中或许只有一个性伴侣（甚至处男），网上调查却可能填上 30 个，大概是把梦姑也算上了，也算是在虚拟空间中实现了自己的幻想。美国人对这种现象甚至还搞了一个统计公式，说是对男人在这方面自报的数据一般算法是除以三。

这样的调查结果不是一般的偏差，而是人为地严重加大了数据。奇怪的是，这样一个远离事实的数据居然有人信，而且还大张旗鼓地请专家来论证一番，除了爆炸效果之外，不知道是娱人还是愚己。

与此类似的新闻一个月以前又见到一条。新闻标题是："这可咋办！广州医院产前亲子鉴定近八成非亲生？"

单看这标题，给人的印象是中国人，至少是广州人，新生儿八成非亲生。但如果你仔细读这篇新闻，却发现远不是那么回事。

新闻说："广州医学院第三附属医院几乎每年都会收到 400 例左右的亲子鉴定申请，结果有七八成左右的丈夫发现，妻子怀上的小孩并非亲生。"

这就是典型的标题误导。事实上,"八成"是指申请做亲子鉴定的人中的八成。在这些人中八成非亲生的结果其实并不奇怪。一般来说,去做亲子鉴定的都是有原因的。怀疑非亲生才会去做亲子鉴定。俗话说,无风不起浪。而且,非亲生是一个很严重的事,不管鉴定结果如何都是会影响夫妻感情的。这怀疑应该有很大的根据才会提出来。所以,亲子鉴定中八成非亲生很正常,因为"非亲生"与"做亲子鉴定"有强相关。但如果把这"八成"放到大众之中,就变成了很"耸人听闻"的新闻,有了爆炸性。或许这正是标题党想抓眼球所希望的效果。

这种与统计有关的新闻问题并不只限于中文媒体,英文媒体上的问题也时有出现。前几天有人给我发来一个新闻链接,说的是加州 San Jose 有一家三代生日是同一天。新闻链接见 http://www.mercurynews.com/ci_11801159。

三代同生日确实是小概率事件,于是新闻媒体大做文章,连星相家也搬出来了。文章为了表示其权威性,请了个大学的统计教授算一算祖孙三代同一天生日的概率是多大,其结论是:"一家三代同一天生日的概率是百万分之 7.5。" (The chances of three generations in one family having the same birthday is "Seven in a million", the professor quickly figured out. Or, precisely, 7.5 in a million.)

这百万分之 7.5 就是 $1/365$ 的平方。这个算法大有问题,因为它没有考虑到一个祖母可能有不止一个小孩,她的每个小孩也可能有不止一个小孩。如果把平均小孩数乘上去,则"一家三代同一天生日"的概率要比百万分之 7.5 大很多。开始我以为是记者表示错误,后来在统计教授的进一步举例中发现,他确实没有考虑到每人不止一个小孩的问题。(Assuming there are 30 million grandmothers over the age of 45 in the United States, there are about 210 chances of this "birthday trio" occurring.)

即使不算多个小孩的因素,如果要仔细考究起来,生日之间也不完全独立。如果产妇与其母亲是同一天生日,而她的预产期又在那几天的话,到了那几天就会有很强的心理暗示,人为地提前或拖后产期使其与已知的生日重合。如果再扯远一点,文章说产妇一直与她妈妈住一起。据说有数据显示长期居住在一起的妇女经期有趋于同步的倾向。这又增大了授精以至产期同步的可能性。总起来说,一家三代同生日的概率远不止百万分之 7.5。

我把这篇新闻扯进来不是为了找统计教授的错。这可能只是他一时疏忽,没有误导读者的意思。这篇新闻最有意思的是最后一句话。当提到刚出生的这个小孩今后是否有可能又生一个小孩,与上面三代有同一天生日的时候,文章说:"祝你好运，Anala，这只有五千万分之一的可能性。"("Good luck, Anala. There's one chance in 50 million that will happen.") 这完全就是那个带炸弹上飞机的故事的翻版。不算细节的相关性，Anala 的小孩与她同一天生日的可能性是 365 分之一，并不因为她自带两颗炸弹 (与其母亲和外祖母同生日)，其概率就变成 365 的立方 (五千万) 分之一。

看到这么一个貌似精确的绝妙结尾，前面那个带炸弹上飞机的笑话已显得不是那么荒谬。有这种想法的人似乎大有人在。或许有一天真就在某机场出现这么一个爆炸新闻！

(2009 年 3 月 24 日)

5.4 漫谈积分

两周前的一个大新闻是中国男子羽毛球队在汤姆斯杯中 0:3 不敌日本队，与冠军无缘。有人会问：中国队不是有打遍天下无敌手的"超级丹"吗，即使输也不应该是 0:3 啊。中国队确实有林丹，但可惜他是第三单打，没等他上场就已经输了三场。按照国际羽联规定，一个队的队员的出场顺序应该以他们的世界排名为准。这个规定本身没有错，它是为了防止有人用田忌赛马的招数。问题是拥有 N 个世界冠军头衔、M 个奥运金牌的林丹怎么排名落到中国的第三了呢？这就是我要讲的国际羽联的积分问题，不是微积分里的积分。不过，想看数学文章的读者也不要太失望，后面会讲到其他一些项目 (网球、乒乓球、围棋等) 的积分算法，里面会牵涉到一些统计问题。

积分排名

国际羽联的积分是靠打大比赛，比如世锦赛、超级联赛等。世锦赛冠军 12000 分、亚军 10000 分，打入半决赛 8000 分，哪怕第一轮输了也要涨分。这样一来，参加比赛多的积分就会占便宜。十几年前我经常参加比赛，主要是为了好玩。基本上都是第一轮输了到败组去挣扎几轮 (偶尔可以挣扎到败组冠军)。由于美国羽协与国际羽协用的是同样积分算法 (只不过他们录用的比赛档次不一样)，虽然我基本上都是一轮游，但积分竟然排到过全美前 50。实际上美国打得过我的人 500 甚或上千都不止，只不过别人不常参加比赛罢了。有人会问，这样只增不减一直涨上去，岂不是积分越来越高？国际羽联控制积分无限上涨的办法不是靠比赛，而是靠时间。只有在最近一年里参加的比赛才能算积分。如果一个人在两周之内连赢三个超级大赛，积分暴涨，一年后两周之内这些比赛成绩失效，积分就暴跌。积分暴涨可以理解，有人闭关训练几个月出来打比赛，暴涨可以更快地反映他实力的提升，也更有利于新手打进世界先进行列。但暴跌就很不科学。一个球员如果不训练，他的水平是逐渐退步的，用数学语言讲就是连续函数。现在这种一年后归零的量子算法很不科学。林丹虽然拿了世锦赛冠军，但别的比赛打得不多，排名自然落后。而李宗伟有赛就打，积分当然是高居榜首。我觉得更好的算法是积分随时间连续递减，比如每天掉 X 分。假设 $X =$ 世界冠军积分$/365$，那么一年后世界冠军积分归零，但如果还有其他超级赛的积分，应该还继续存在。这样一来，林丹拿一个世界冠军、一个全英、一个中国大师赛，这些积分可以有效好几年。当然，这个 X 可以通过实践来调节，取什么值最好可以通过实践来回归。现在这种大家都去打比赛赚积分，疲于奔命，类似于学校常常考试，浪费了不少学习时间。从长远看，对羽毛球没有好处。

还有一种说法，说羽毛球各种级别的比赛积分没有拉开，比如世锦赛冠军 12000，超级联赛冠军 11000，没有太大差别。冠亚军之间差别也不大。网球的积分在这方面就很突出。大满贯比赛要比别的比赛高很多，冠亚军之间也有很大差别，三个亚军不如两个冠军。如果羽毛球也采用这种积分，那么林丹拿几个大赛冠军就不用参加别的比赛了。

羽毛球积分制还有其他不少可以改进的地方，但都是枝节问题。最极端的观点甚至是彻底废弃这种积分制采用 ELO 积分制。采用 ELO 积分制的机构很多，比如国际象棋协会、乒乓球协会、保龄球协会等等。美国围棋协会的积分制也是 ELO 的变种。我们就来介绍一下这个 ELO 积分制。

ELO 积分制不像国际羽联或网球协会积分那样用时间来减分，而是用每一个比赛的结果来调节双方的积分。赢的人加分，输的人减分。根本上排除了那种一轮游也涨分的怪现象。ELO 是匈牙利出生的物理学家 Arpad Elo 发明的。它的基本思想就是按照比赛双方取胜的概率来计算比赛结果应该带来的积分增减。高手与低手比赛，赢的概率很大，那么高手赢是应该的，赢了也涨不了多少分，输方也掉不了多少分。如果爆冷门，低手赢了，那双方积分变化就大了。具体操作起来就是两个公式。

第一个公式是双方取胜的概率：

$$E_A = \frac{1}{1 + 10^{(R_B - R_A)/400}}$$

$$E_B = \frac{1}{1 + 10^{(R_A - R_B)/400}}$$

其中 R_A 与 R_B 是双方比赛前的积分;E_A 与 E_B 是双方取胜的概率。显然,当 R_A 与 R_B 相等时,$E_A = E_B = 0.5$。另外,很容易验证 $E_A + E_B = 1$。注意,这里的 400 是一个比例常数,用来控制概率振幅。不同的积分可以用不同的常数。

第二个公式就是积分调节:

$$R_{\text{NEW}} = R_{\text{OLD}} + F(W - E_X)$$

其中,R_{NEW} 是新积分;R_{OLD} 是原来的积分;E_X 是前面公式的取胜概率;W 为比赛结果,胜者为 1,负者为 0;F 是调节比例。新进来的人积分还不是很稳定,这个 F 可以很大(常用的是 32),这样可以快速地让一个新进来的人积分趋向他的真实位置。老积分(比赛很多,积分已经经过许多比赛调节过的)F 会变小,比如 $F = 10$。下面举一个具体例子。

如果你去参加美国的乒乓球比赛,你的积分是 1700,你的对手是 1847,根据上面的公式,你取胜的概率是 30%,如果你输了,你会丢 32×0.3=9.6 分,如果你赢了,你会得 22.4 分。当你参加过很多比赛,积分比较稳定时,上面的 32 就会变成 16 甚至 10,同样的积分差距,你输了只会掉 3 分。

这个积分的一个优点是高手与低手赛,涨不了太多分,理论上排除了有人无限涨下去的可能。当然它也有一些别的问题。比如,下围棋或打球,有些人的风格就专门克某种人。如果他们之间比赛很多次,积分就会过分倒向一方,而不能反映他的真实能力。另外,如果一个小圈子的人经常在一起比赛,就会产生局部限制问题。大家水平都涨了,但没有外面人来验证,积分不会涨(零和系统)。比如在中国围棋比较普及的地方(北京、上海等),业余段位会比别的地方要高一些,因为他们总是内部竞争,没有外来比较。据说美国加州那边的乒乓球积分就比东部要难不少。

另外 ELO 机制没有随时间降分的机制,不比赛就一直保持在那里。我有一个朋友,跑到一个积分比较虚的地方打比赛,乒乓球积分冒到 2000 分以上,从此不打比赛。一直可以号称有 2000 分以上的实力。美国围棋协会的积分也是如此，下到 5 段后哪怕几十年不比赛，积分仍然是 5 段。这不能反映棋手的真实实力。

任何一种积分都需要考虑其稳定性，也就是说，是否会随时间衰减或膨胀。前面提到 ELO 积分的变化是零和系统，胜者涨多少分，败者就降多少分，系统总分不变，所以本来应该没有不稳定因素。但是，系统随时有新人加进来，就带进了非稳定因素。新人一般都是新手，积分很低 (有些协会给新手一个基本分，比如乒乓球协会给 1000 分作为基本分)。随着新手水平的涨高，积分也会涨高，他涨高的分数是从别人的积分得来的，别人的分数就会降低。有些会员因为年龄或者其他什么原因退出系统，基本上都是高分退出 (至少比他们进来的时候高)。这样低分进，高分出，长期下去会员的平均分就会降低。所以，长时间看，ELO 有蜕减的不稳定性。举一个例子：假如乒乓球协会本来有 10 个会员，平均积分是 2100 分。新进一个会员，初始分数定在 1000 分。整体来说，系统总共有 11 个会员，总分是 2100×10+1000=22000，会员平均分数变成了 2000 分。理论上如此，但现实中我们却听到有人说 ELO 有膨胀问题。比如国际象棋，从前 2700 分以上的屈指可数，现在竟然有 30 多个。这就是整体与局部的差距。虽然整体蜕减，但新手带进来的不稳定波不会只对一个方向有影响，赢一些人，也会输一些人。一层一层地输上去，最后就可能把顶端部分推得更高。实际情况当然没有我说的这么简单，但基本原理如此。另外，国际象棋的计算机程序已经可以与人类最高水平抗衡。通过不同时期人与相同计算机程序的比赛可以实现关公战秦琼。有数据显示现在的人就是比过去水平高一些，虽然高得有限，但也从另一个方面说明国际象棋顶端部位分数上涨的原因。

总体来说，我还是很喜爱这个 ELO 系统，至少大家有一个标准在那里。很多年以前，美国羽毛球协会的人与我讨论积分问题，我就向他们建议用这套系统，遗憾的是他们最后没有采纳，而是采用了大比赛积分制。那种机制只对排名前面的人有用，后面的人就没有积分。不同地方的人见面，也不知道如何比较水平。反观乒乓球与围棋，美国的协会采取的是 ELO 系统，只要参加过比赛，大家都有一个积分。不同地方的人只要报一下自己的积分，双方就大致知道对方的水平。比如，甲在加州，围棋积分是 3.245，我们就知道他的水平大约是美国弱 3 段。乙在纽约，围棋积分是 5.85，我们就知道他的水平大约是美国强 5 段。同样，如果一个人告诉我他的乒乓球积分是 2200，那我不用打就知道我打不过他。如果他的积分是 1200，那我穿西装打领带再加皮鞋也可以赢他。

另外，ELO 的一个假设是一个人的表现满足正态分布。但后来有许多数据表明这个假设不成立 (至少在最先用 ELO 的国际象棋圈里不成立)，数据表明低手爆冷的机会大于正态分布的预期。更好的分布是 Logistic 分布。这个说起来就有些远了，我们还是就此打住。

(2009 年 3 月 24 日)

5.5　关于小行星撞地球

小行星或彗星与地球相撞的可能性及其将会带来的危害一直是许多天体物理学家所关心的事。但这样一件将会危及整个人类生存的事却没有得到公众 (或决策机构) 的相应重视。最近好莱坞推出两部与此有关的电影, 使研究小行星的专家们感到很高兴。对于唤起公众意识, 从而影响某些决策机构的方针, 没有什么能比好莱坞的电影更有煽动性了。由 Bruce Wills 主演的 *Armageddon* 要到七月份才上市, 还没有机会看, 据说将会是今夏最卖座的电影。 *Deep Impact* 已经看过, 虽然许多细节上的漏洞令人发笑, 但整体故事还是很有震撼力的, 至少唤起了像我这样的一般人的注意。

小行星或彗星与地球相撞, 说起来都是很小很小的小概率事件。但在宇宙的历史长河中, 这种事件发生的概率就不是那么小了。事实上, 从大范围时间来看, 小行星或彗星与地球相撞几乎是必然事件。这类事件中最著名的大约要算六千五百万年以前造成恐龙灭绝的那次相撞了。从现有数据来推算, 能够造成四分之一以上人类毁灭的相撞事件, 平均每四万年就会发生一次。如此说来, 人类文明能够不间断地发展到今天, 真是够幸运的了。最近的一次比较大的相撞发生在 1908 年。但由于星体落在荒无人烟的西伯利亚, 对人类的损害不是太大。尽管如此, 那次相撞也造成了差不多半个地球以外的波士顿夏天下大雪。

如果星体不是落在地面, 而是落在海洋里, 那它造成的危害要大得多。因为沿海都是现代文明重镇。有人做过一个推算: 如果一个五公里宽的小行星落在大西洋中间, 它所造成的大浪 (高达几十公里, 简直不可想象) 在几小时以内就会吞掉美国东部沿海两百公里以内的所有城市。这包括华盛顿、巴尔的摩、费城、纽约、波士顿等等。欧洲那边的法国、葡萄牙等也会被洗刷干净。如果撞上来的是一个宽十公里以上的星体, 那它引起的就不仅仅是海浪。漫天的废物将会阻碍阳光, 使整个地球陷入长时间的寒冬。大气层的破坏, 空气中充满了毒气, 以及随之而来的全球性的火山爆发、地震等等, 这些已不是东岸、西岸的问题, 而是整个人类的毁灭。至于相撞之前的社会混乱, 那又是另外一百个故事了。

也许有人认为, 虽然在大范围时间内地球会有一些危险, 但短期内 (或有生之年) 是不会有什么危险的。事实并不如此乐观。据一些天体学家估计, 大约有 9000 个直径大于半公里的近地小行星 (也就是说其轨道经过地球附近), 其中只有 350 个有记录在案。这些小行星中的任何一个撞在地球上都会造成四分之一以上人类的毁灭。这当然不会发生在明天、后天，或明年。但三十年、五十年以后会不会发生就很难说。据说，现在被划入有潜在危险的小行星有 108 颗（正好应了梁山泊的好汉数）。今年 3 月，有个天体科学家宣布，按照他的计算，一个代号为 97X11 的小星体将有可能在 2028 年 10 月 26 日与地球相撞。这颗小行星是去年 12 月亚利桑那大学的一个天体学家观测到的。根据从那时候到 3 月所观测到的 98 个位置，计算出该星体轨道离地球的最近距离点是 4 万公里，远远低于计算误差 18 万公里（考虑到地球直径大约 1.3 万公里，4 万公里是很近的）。利用这些数据，一些人做了一个粗略计算，97X11 与地球相撞的可能是 900 分之一。事关全人类的存亡，900 分之一是一个很大的数。这个计算结果在当天就传遍了世界天文界，甚至流传到新闻机构手里，一片哗然。大家带着万分担忧的心情验证着计算结果。后来从另一个天文台找到该行星的早期位置，使得运算结果更加准确。根据最后的计算，发现其最近距离点是 95 万公里，而不是 4 万公里。而且其误差圆实际上是一个长 280 万公里、宽 2500 公里的超扁椭圆，地球在其短轴方向很远的地方，与其相撞的可能性几乎是零，算是大家虚惊一场。尽管如此，这个例子说明，这些所谓小概率事件并不像我们想象的那样遥远。

  按理说，有了这些运算数据，决策机构应该理所当然地支持在这方面的研究与观测了，因为这是牵涉到整个人类生死存亡的事，还有什么事比这件事更重要呢？事实却很让人失望。每年花在近地小行星观测与研究的钱远远小于其他的物理领域（比如基本粒子的研究）。即使是在天体物理方面，花在黑洞等方面的研究上的钱也比它多。最近还有进一步压缩趋势。一个在澳大利亚的观测台被迫撤掉了。这个观测台是南半球唯一一个致力于小行星观测的台，它的撤销无疑对在这方面的数据收集是一个巨大损失。前面已经说过，人类文明能够不间断地发展到今天，真是够幸运的了。但我们不可能永远幸运下去。现代文明竟然对这种有可能威胁到整个人类生存的危险视若无睹，真是让人吃惊。难怪有些搞这方面研究的科学家说，真希望有一颗不大不小的行星来撞一下，以唤醒沉睡的大众。

（1998 年 5 月）

5.6　消失在翻译中

消失在翻译中 (Lost in Translation) 是英文中一个常用说法，通常指的是翻译的东西不能准确表达原文，原文中的微妙处在翻译中消失。几年前有个电影讲一个美国人在东京的故事用的就是这个标题。不过，这个电影标题中所用到的 Translation 有注解生活的意思。而且，英文 lost 也有迷失、糊涂的意思。所以，当我把 Lost in Translation 翻译成"消失在翻译中"时，原文的微妙已经消失在翻译中。最近读到一篇文章讲的也是消失在翻译中，不过不是因为翻译不准确，而是一整页在翻译过程中丢失。因为这篇文章与数学物理有关，估计感兴趣的人比较多，写出来与大家分享一下。

关于纯数学的应用问题，一个比较流行的看法是：大多数纯数学理论，少则几年，多则几十年、几百年迟早会在物理或其他科学中找到应用。比如纯抽象的整数分解在编码中找到应用，再比如混沌系统的稳定与不稳定流形居然在航天物理中找到应用。这些都是对这种看法的有力注脚。当然也有人不同意这个看法。以前甚至有数学家认为，自己研究的理论如果在别的地方找到了应用是一件很不光彩的事，说明自己的研究不够纯。还有些搞物理的认为，物理上有用的数学都是物理学家自己搞出来的，只不过后来被数学家加工完善化了。言下之意是，数学家自己搞出来的理论都没有什么用。对于这种争论，如果有哪个物理大牛，比如爱因斯坦这样的出来讲讲话，虽然不能说一锤定音，至少争论的一方有一个重磅炮弹可用。所幸的是，爱因斯坦确实说过这方面的话，而且就在他著名的广义相对论文章的第一页。不过这第一页却没有出现在常见的英文翻译本里，甚至不在许多德文版本里，不为大家知道。这是怎么回事？有什么阴谋吗？这要从 20 世纪早期说起。

爱因斯坦的狭义相对论及其他几篇重要文章发表在 1905 年，广义相对论文章发表在 1916 年。到 1919 年，要求再版并出论文集的呼声很高。但出版社前版售空，居然没有原版留下。爱因斯坦给出版社寄去了一份原件，并在信中说这是他手上唯一一份原稿。他对文章做了一些小修改，请出论文集时以此为准。据现在历史学家猜测，他的那份原件已经很旧，页面松散，或许第一页因此而丢失。以此为准出来的德文版，以及后来的英文翻译都缺了第一页，连爱因斯坦自己都不知道。

这第一页说什么呢？我现在试着翻译里面的一个片断，原文附后。

"……广义相对论在相当程度上得助于数学家闵可夫斯基,是他首先意识到时空坐标的等价性,这一点被用到理论的构造中。数学家高斯、黎曼、克利斯朵夫在研究非欧流形时所创造的'绝对微积分',为广义相对论准备好了它所需要的数学工具。这工具又被数学家里斯、莱维系统化并应用在理论物理中……"

原文:

The generalization of the theory of relativity has been facilitated considerably by Minkowski, a mathematician who was the first one to recognize the formal equivalence of space coordinates and the time coordinate, and utilized this in the construction of the theory. The mathematical tools that are necessary for general relativity were readily available in the "absolute differential calculus", which is based upon the research on non-Euclidean manifolds by Gauss, Riemann, and Christoffel, and which has been systematized by Ricci and Levi-Civita and has already been applied to problems of theoretical physics.

这里,爱因斯坦不仅向那些为他的物理理论提供数学工具的数学家致礼,而且还公开承认闵可夫斯基首创四维时空。事实上,爱因斯坦在另一篇文章里说得更清楚:"数学家们早就解决了广义相对论所需要用到的数学问题。"("Thus it is that mathematicians long ago solved the formal problems to which we are led by the general postulate of relativity.") 当然,爱因斯坦对数学家们也不完全是赞扬,也有抱怨。闵可夫斯基 1908 年作过一个演讲,指出只要在时空中做一个最基本的度量假设,狭义相对论在他的四维时空里就成了很自然的事。爱因斯坦认为这些抽象推广的数学理论有些过头 (superfluous)。他说:"自从数学家们开始介入相对论后,连我自己都搞不懂相对论了。"当然,后来他的数学家朋友格拉斯曼帮他搞懂了这些数学。

这样划时代的文章竟然只剩一份,而且差不多搞到残缺不全,以至于爱因斯坦对数学家的赞扬几乎被埋没,这也算是一个有趣的历史故事。现在,以色列国家图书馆收藏了爱因斯坦发表过的所有文章及手稿,并把它们全部数字化。爱因斯坦文章原件消失的现象也将从此消失。

参考文献

Dickenstein A. 2009. A hidden praise of mathematics. Bulletin of the AMS, 46(1): 125-129.

(2009 年 1 月 19 日)

5.7 愚 人 税

概率统计大概要算是应用最广的一门学科了。在学校不管是文科、理科还是经济、医学都要学它。不过，它当初的产生可是与这些应用科学没有任何关系，纯粹是一些人为了解决赌博中遇到的问题而产生出来的。概率论虽然产生于赌场，但赌场里的人并不需要懂概率。他们很多人都是凭经验，凭感觉。据说概率论的老祖之一卡丹诺曾经到赌场去找一个老赌徒，说是掷骰子的时候，如果给他两种情况，一种是连续两次掷出六点，另一种是三次掷出的数的总和小于或等于五。问他愿意选哪一种？老赌徒想都没想就说愿意选后面这一种。仔细用概率算一下，你会发现这两种情况的概率差别还不到百分之二。可见这些人的感觉相当准确。

当然，真正的赌场并不完全依赖于概率组合。否则，在家里算好概率再去赌场赌岂不是有赢无输。说起来还真有人在家里研究好赌法去赌场赌的。有一种叫作赌注加倍法的赌法，就是由统计学家发明的。从理论上来讲，用这种方法到赌场去玩二十一点必赢无疑。这种方法从道理上来说很简单，只要你有足够的资本，那就必赢无输，而且想赢多少就赢多少。比如说你第一盘下注一百元(也可以是一千元或一万元，首注多少与这种赌法无关)。如果这一盘赢了，则把赢的一百元装腰包，再继续下注一百元。如果输了，第二盘下注两百元。如果这次赢了，那么扣除上盘输掉的一百元，还赢利一百元。把赢的这一百元装腰包，又从下注一百元开始。如果下注两百元那次输了，下一盘就下注四百元，如此下去……简单说起来就是，如果某一盘输了，则下一盘赌注加倍。如果赢了，这一回合就算结束，又从下注一百元开始。用这种玩法，只要你不是一直输(当 N 很大时，连续输 N 盘的可能性几乎是零)，那么每一个回合结束后，你都会赢利一百元。这种玩法是可以从统计学上证明的必胜玩法。你或许会问，这种玩法如果真有效，那大家都这样玩，赌场岂不是只好关门了。这一点你可以放心，办赌场的人自然也知道这种玩法对他们是致命的，他们当然不会坐以待毙。所以他们有专门规定来控制这种玩法。其中一条规定是规定赌注的上限，也就是说每一盘的赌注不可以超过这个上限。这样一来，赌注加倍法就不灵了。因为当你连输许多盘准备加倍赌注的时候，你的赌注或许已经超过该上限，你不能再按加倍赌法玩下去，于是前面输掉的再也不能按加倍法捞回来。有了这种规定，赌场就可以不用担心所谓赌注加倍法。在上限以内，

数苑趣谈

这种方法你还是可以用的，但是不能保证绝对赢。再说，即使在上限以内，要玩这种加倍法还是需要一些勇气的。如果你从一百元开始，连输十盘后，赌注就已经涨到十万元。连输十盘的可能性很小，但还没有小到不太可能发生。这时候要下这十万元的一注还是需要一点魄力的。

许多问题并不是单纯的组合问题，还要考虑一些其他的因素。比如打桥牌时决定是否要飞张的时候，并不能只考虑大牌分布的简单概率因素，还要考虑叫牌过程、出过的牌的情况等等。这就是所谓条件概率。现实生活中的问题就更复杂了，许多时候它所依赖的条件并不能准确地用数学表达出来，而只能是凭经验，凭感觉或别的计算。比如天上的云的情况与明天是否下雨，这两者之间有很强的统计规律，甚至有很多农谚因此而产生，但真正要预报天气却不能靠这些农谚，还得要做大量的非概率运算。

现实生活中完全纯概率组合的问题也是有的，比如说买彩票，也就是通常说的"乐透奖"。有一种通行的"乐透奖"是从一到四十四中选六个数，如果全部选对则可中大奖。这是一个纯组合的问题，没有任何别的因素。中奖的概率很容易算出来，大约七百万分之一。这个概率小得可怜，据说下雨天上街被雷击的概率也比这个数大。懂概率的人大约都不会去上这个当。偶尔买一次图新鲜好玩没有关系，长年累月地买就有点愚蠢了。不过，愚蠢的人还真不少，否则这种奖也存在不下去了。我以前不相信，最近看了一篇报道才知道，真有不少人每周固定买彩票的。我们这里附近有一个镇有六万人口，每年的"乐透奖"开销竟然有二千七百万美元之多。也就是说，平均每人每年花四百多美元买彩票，差不多每周花十美元，简直有点不可思议。这些钱有相当一部分是要被政府收走的。所以我常对朋友讲，"乐透奖"是政府收的另外一种税，其名字叫"愚人税"。聪明人是不用交这种税的。

(1997 年 7 月 16 日)

5.8 四度隔离

有一个很著名的理论说世界上任意两个人平均可以在六杆子以内连接起来。也就是说任意两个人,可以通过六个朋友,朋友的朋友的朋友的朋友的朋友连接起来。这个理论英文叫作 "Six degrees of separation"。后来拍成了电影,为这个理论提高了不少知名度。这个理论最早是 1929 年提出来的。1960 年的时候有人甚至还做了个实验。他找了 296 个人,让他们给美国马萨诸塞州一个小镇上的一个人 (已指定) 送一个信息。当然你不能直接写信给这个人 (除非你认识这个人),你必须把信寄给你的朋友 (你的朋友中你认为最有可能认识这个人或他的朋友的人),让他帮你转寄。这个实验最后的结果是平均需要 5.2 个人。验证了六度隔离的理论。这么多年过去了,人们之间的连接肯定比之前更多,这个隔离数应该变小了。到底变成了多少呢? 现在有网络,不需要再用普通邮件去做这个实验。甚至连电子邮件都不用。Facebook 最近利用它们的数据做了这么一个模拟试验,结果是 Facebook 上的任意两个人,平均可以通过 Facebook 上 4.74 个朋友连接起来。文章很有意思,而且还有图,有兴趣的可以去读一读 "Anatomy of facebook"。可以想象,随着朋友关系网的进一步发展,这个数会变得更小,以后会变到 4,所以我用了四度隔离的标题。

这篇文章还提到一个很有意思的现象,很多人都觉得他的朋友比他有更多的朋友。有人甚至写了一篇统计文章发表在美国著名的统计杂志上,"Why your friends have more friends than you do"。从理论上证明,如果与朋友比较朋友数,大多数人都会很失望,他们的朋友比他们有更多的朋友。这个结果看起来很奇怪,其实仔细想起来很自然。一个人如果只有一个朋友,用他来算朋友的朋友数的人也只有一个。如果有个人有 100 个朋友,那么就有 100 个人有一个朋友有 100 个朋友。换句话说,朋友多的人被用来算朋友数的次数就多。所以,这样算下来,一个群体中,所有人的朋友数的平均值小于所有人的朋友的朋友数的平均值。与此相关的现象是,兄弟姐妹多的人比兄弟姐妹少的人要多,你上课的班比别的班大等等。其他类似现象还很多,同样的道理,很有意思。

这篇文章需要注册才能读,我没有读到全文。后来想了一下,这个证明其实不麻烦,可以用来作为一个趣味题目,证明一个群体中所有人的朋友数的平均值小于所有人的朋友的朋友数的平均值。

提示：其实，按照我们上面的解释，有 n 个朋友的人，他的朋友数要被算 n 次。所以，上面这个题目实际上就是证明任意正整数向量的均值小于它的平方的均值。

后记：这是四年前写的文章。现在不光是 Facebook，微信和微博也很火热。如果新浪微博做同样的调查，比如，通过"粉丝"或关注这样的杆子，我估计结果会小于 Facebook 的 4.74。

(2011 年 11 月)

5.9　围棋与桥牌之难易

大家谈围棋与桥牌，两者都是我所喜欢的活动，也来凑凑热闹。

每当谈到两件事物不可比，西人就说"苹果与橘子"不能比。如果单从招人喜爱的程度来看，苹果与橘子确实没法比，所谓"萝卜青菜，各有所爱"。但苹果与橘子并不是完全没法比，如果要比谁的水分多一点，或者哪个更甜、更酸，则完全可以通过实验来比出高低。可不可比关键要看是否可以数字化，只要可以数字化，比起来就容易了。当然，我们通常所说的比，是在人力范围内比。如果两件事数字化以后，对人 (或目前的计算机) 都相当于无穷大，则其比较结果就没有意义。这"无穷大"的定义也可以因事而异，有时可以不是很大。

围棋与五子棋不同。它们可不可比？可比。我想大家都同意五子棋要容易得多。五子棋不但可以数字化，甚至目前的计算机就可以穷举。荷兰两个搞计算机的人不但证明五子棋先走必赢，而且还可以告诉你多少步能赢。对于经典意义上的五子棋，先行一方只需三十九步就可以赢。如果规定只能五子一线，六子七子不算，那么也只需要四十五步。现在日本的五子棋比赛，对先行一方还有很多别的限制，比如不能走双三之类的，否则这比赛就没意义了。

围棋与国际象棋不同。它们可不可比？这是在围棋网、国际象棋网经常出现的问题。从数字化的角度来说，国际象棋早就被比下去了。国际象棋的变化比围棋少的不是一两个数量级。从前一直有人说不可比，其主要根据就是对人类来说，两者都是无穷大。后来，IBM 的深蓝战胜了 Kasparov，国际象棋一方终于没有话说。而现在的围棋程序，不要说对专业棋手，对一个学过半年棋的人都无能为力。像我这样的一般爱好者，左手让它九子也没有问题。

现在再回头来说围棋与桥牌。从喜爱程度来说，没有什么可比的。许多人还更喜欢敲三先，你也没有办法。但如果要比难易程度，那就很可以比较一番。因为难易程度可以数字化。桥牌有多少变化？五十二张牌有多少种分布是很容易算的。

$$C(52,13) \times C(39,13) \times C(26,13) \times 6$$

其中 $C(M,N)$ 表示从 M 中取 N 的取法数。上面的乘积还不到三十位数。

围棋有多少种变化，到目前为止没有人能给出一个标准答案，这个问题本身就说明围棋的复杂性。比较简单的说法是 361 的阶乘。第一步有 361 种选择，第

数苑趣谈

二步有 360 种选择，等等。这还没有考虑"倒扑""打劫""倒脱靴"之类的情况。就算以 361 的阶乘来算，也在七百五十位数以上。这差距何止十万八千里？

有人要说，你怎么没有把叫牌和打牌的顺序算进去？确实，这叫牌打牌的顺序可以帮桥牌加上几位数，但上面的差距是几位数可以弥补得了的吗？而且，一副牌摊在桌上，高手来看一下就几乎可以得出一致的最佳打法。而一盘棋摆在桌上，十个九段也许就会有十种选择。其难易程度又再一次表现出来。举一个现成的例子。有一本很著名的古书《官子谱》，里面都是从前的高手们长期研究出来的东西。现在有九段棋手把它重新出版，叫作《围棋手筋大全》。据说是要纠正其中的许多错误，说是一些变化古人没有考虑到。殊不知，新书刚出，就有人指出新书的错误，说是还有些变化新书没有考虑到，桥牌上可曾有这样的例子？

还有一个比较难易程度的办法，就是拿现有的专业人士来比较。杨小燕四十二岁开始打桥牌，几年后就进入国际一流水平。我们可曾听说过有哪位一流棋手四十二岁（或者二十四岁）开始学下棋的？我甚至没听说过有十四岁开始学棋而进入一流行列的。你听说过吗？以我自己所见到的来说，十多年前我刚到美国时，有一位叫凯塞琳的女士（三十岁不到）就在华盛顿围棋俱乐部下棋，据说她十几年如一日，每次必到。各种比赛也经常看到她。十五年过去了，听说她现在还是 7 级的水平。我的另一位朋友，从五十四岁开始学打桥牌，六年后的今天，他已经拿够了大师分。

围棋和桥牌都是我很喜欢的活动。从下的功夫来说，在围棋上要多得多。但从水平来说，桥牌却要高一点。有人会问，你怎么知道你的桥牌水平比围棋高？这可以从我的对手的水平来比较出来。所以，不用什么数字化，单从我个人的经验来说，围棋要难得多。

其他比较的方法还有很多，就不一一列举了。

最后说一句圆场的话。对一般人来说，如果只是把围棋和桥牌作为娱乐消遣，则其难度或许都是无穷大，不比也没有什么关系。

(2005 年 3 月 28 日)

附录：围棋与桥牌之难易一文贴出后，有许多回复，我又发了一些跟帖，总结如下。

有人说考虑到对称性，围棋的变化远没有 361 的阶乘那么多。这句话或者说明此人不懂围棋，或者不懂算术。如果考虑对称性，那么头几步的数量确实要少一些。但如我在前文所说，由于有"打劫""倒脱靴"之类的情况，实际的变化要多得多。361 个点上可以走出四百多手的棋，大家应该听说过。

还有人说围棋程序比国际象棋弱是因为投入的努力不够。这个问题我再补充一点。据说日本搞的所谓第五代计算机，其中一个重要项目就是围棋。几十年下来仍然是现在这样的结果。后来有人说，几乎每个学校都有几个人研究国际象棋，所以国际象棋进展很大。殊不知，这正说明国际象棋的容易。稍微懂一点计算机的人就可以搞一个国际象棋程序，而围棋程序则没有这样好的台阶可上。当 IBM 的深蓝战胜 Kasparov 以后，有记者问他们，下一个目标是不是围棋，他们回答说，No(不)，因为围棋太难了。David Fortland (Many Faces of Go 的作者) 花了近二十年的心血在他的围棋程序上，虽然多次打入世界前三名，但其水平还是在 10 级左右。两年前他暂停了他在围棋程序上的工作，花了三个月的时间写了一个国际象棋程序，据说有大师级水平。同样的人、同样的能力，二十年与三个月，10 级与大师级。多么鲜明的对比！顺便说一句，Fortland 的围棋棋力是美国三段 (相当于中国的二段到三段)。围棋程序与国际象棋的关键区别在于没有很好的好坏鉴别函数。一般来说，国际象棋的一步棋的好坏几步之内就可以表现出来，而围棋一步棋的好坏有时要到许多步以后才能表现出来。在不能马上鉴别好坏的时候就要靠硬算 (Brute Force)。这种方法虽然在国际象棋上行得通，在围棋上却无能为力。六年前我在一个聚会上与 Fortland 聊起这个题目，他的观点也如此。

最后，有人说讨论这些有什么意义，即使计算机在桥牌、围棋上战胜了人类，我仍然要下围棋，打桥牌。这一点是没有办法反驳的。因为意义、兴趣这些东西是不好数字化的，没有办法比较。一个人认为什么东西有意义，愿意玩什么样的游戏都是他自己的事，我们这里只是讨论可以数字化的难度比较，不讨论趣味的大小。

(2015 年) 后记：当时写这篇文章的时候，围棋程序水平还相当低。但是，最近这几年由于 Monte-Carlo 算法的应用，围棋程序有了突飞猛进的发展，已经达到业余五段的水平。详细情况可以参见《人机对话》一文。

数苑趣谈

(2018年）后记：2017年3月，谷歌的阿尔法狗横空出世，以压倒优势碾压人类最高手。主要的突破在于用深度学习搞出一个价值函数，解决了文章中所提到的形势判断问题。另外还搞出一个选点模式，再结合2015年后记所提到的Monte-Carlo算法，加强了这个选点模式。这两个主要问题的解决，使其能够有碾压人类最高棋手的能力。

注：本文是笔者在新语丝读书论坛关于此话题所发帖子的汇集。

5.10 从数字看网球、羽毛球及乒乓球

相对于足球、篮球与排球这三大球来说，网球、羽毛球及乒乓球个头似乎小了一点，但其趣味性及市场并不因此就小一些。三大球是集体项目，三小球是个人项目，各有各的卖点。认识的人中（尤其是在美国的中国人中），基本上都在不同程度上喜欢这三小球中的一项，同时爱好其中两项甚至三项的人也大有人在。说到这三小球，一个很热门的话题就是，这三小球中哪一样更有趣。本来，趣味性的问题因人而定，没有一个固定标准，也就没法比较。但许多没法比较的东西经过数值化以后，其中的一些因素就可以比较了。我这里就来具体聊一聊如何比较网球、羽毛球及乒乓球。

乒乓球很有趣而且很普及，但似乎运动不是太激烈，或者说不大出汗，强度差一点。网球很出汗也很普及，但我个人认为趣味性差一点，高手低手大部分时间都在捡球。羽毛球很出汗也很有趣，但似乎普及性差一点（注：这里说的是美国。在中国，尤其是现在，羽毛球的普及性应该不比网球差）。这些运动项目各有各的长处，孰优孰劣很难比较。不过，搞数学的人喜欢把事物数值化，一旦数值化以后，比较起来就容易了。

今年的波士顿羽毛球公开赛，广告做得很大，因为有两千美元的奖金。这在羽毛球比赛中已经是很可观的了。但比之网球比赛动辄六七位数的奖金，这两千美元还不够塞牙缝的。1985 年世锦赛决赛，丹麦的弗罗斯特对中国的韩健。解说员说，弗罗斯特是全世界唯一可以靠打羽毛球谋生的。现在可能情况会好一点。印度尼西亚的那几个高手大概是不愁吃的。但这屈指可数的几个人与众多的网球名将比起来仍然是塞牙缝的份儿。随便找一个网球的网页看一下，奖金收入在六位数以上的加上脚趾头也数不过来。从这些数字上来看，羽毛球的普及性或者说公众认同程度比网球差远了。

乒乓球的普及性也很高，这可以从许多人家的地下室里就有乒乓球台的事实得到验证。

羽毛球在这三种球中最不被公众认同，这是否说明羽毛球最没有意思呢？我觉得这一点很有商榷余地。乒乓球的普及性有其经济原因，暂且不论。羽毛球与网球怎么比较呢？本人对羽毛球有很强的爱好。虽然起步很晚，但也算有十几年

球龄。每年也参加两三次比赛。所以,在网球与羽毛球的比较方面,我的观点比较偏向于羽毛球。

最近看见一篇文章说:从其趣味性、全面健身性及运动损伤等角度综合考虑,一些专家认为羽毛球是球类运动中最科学的一项,并断言它将成为21世纪最时髦的体育运动。21世纪是否如此,我们暂时不去管它,就事论事,我认为羽毛球确实是全面且很有趣味的一项运动。比与其类似且普遍看好的网球要有意思得多。网上众多网球爱好者一定不肯与我罢休。不过,有鉴于羽毛球的普及性远小于网球与乒乓球,需要有一些激进的观点来加以推广。所以,明知要激起公愤,我还是要把我的观点说出来。

我先前对网球也是没有什么偏见的,看见那么多人喜欢它,而且大比赛的奖金总是五六位数,于是认定这项运动一定很有趣。兴致勃勃地去买了一支拍子上场玩了几次。可惜总是不得要领,大部分时间都在捡球,对网球的兴趣也逐渐减少了。起初还以为主要是自己打得不好,打好以后大约就不用花太多时间捡球了。真正摧毁我对网球的兴趣的是,第一次从电视上看温布尔登公开赛决赛,比赛双方居然大多数时间接不住对方发球。他们虽然已不用自己捡球,但整个比赛差不多都在发球中度过,真是乏味得很。温布尔登公开赛可以说是世界网球最高水平的比赛,能打到决赛,自然是世界上一等一的高手。这种水平的人居然仍接不住对方发球,我对这项运动的兴趣以指数速度逼近于零。一项体育运动发展到最高水平竟然简化成靠发球定胜负,哪里还有什么趣味可言。

与温布尔登公开赛相比,汤姆斯杯决赛情况就完全不一样。双方长拉短吊,直杀斜推,招招都是欲置对方于死地,却仍可以你来我往许多回合。其趣味性与技术性同网球赛的双方发球定胜负形成鲜明对比。网球比赛我是不大看的了,但家中一盘韩健打弗罗斯特的录像带反复看了几十遍仍然兴趣十足。

或许有人会说,这些只是你自己的观点,算不得数。那么我们还是看一些统计数字,让数字说话总应该算得了"数"了。

在1985年全英网球公开赛上,贝克战胜库仁,6:3,6:7,7:6,6:4。同年的羽毛球世界杯比赛,韩健战胜弗罗斯特14:18,15:10,15:8。下面是两组统计数据。

	比赛总时间/分钟	球在空中时间/分钟	击球次数	球员跑动距离/英里
网球	198	18	1004	2
羽毛球	76	37	1972	4

注意到，羽毛球运动员在不到一半的时间内跑了网球运动员两倍的距离。别的不说，单看这时间效率，18/198=9%与37/76=49%，差距不是一两倍的问题。

我觉得网球的问题主要在发球。如果把每次可有两次发球机会的规矩改成只有一次发球机会，则目前网球完全依赖发球强度的现象或许可以得到一些控制。如果只有一次发球机会，像Sampras这样的球员就不敢那样肆无忌惮地发球了。早几年乒乓球也出现过同样现象，靠发球定胜负。甚至有人外号就叫什么三板，意思是前三板之内定胜负。后来国际乒联做了规定，发球必须抛离手面，不准使用某种胶合的球拍（因为这种球拍发出的球旋转性太强），比赛完全成了发球定胜负。可以说国际乒联的这些规定"挽救"了乒乓球的命运。

以上只是我个人的"偏见"，网球爱好者的看法一定与我的不一样。网球靠什么来"挽救"，或者根本无需挽救，那是见仁见智的问题，各人有各人的观点。如果有人想帮我纠正我对网球的偏见，讲出道理来，咱们洗耳恭听。讲得有道理，也许以后又重新爱好网球也说不定。

(1998年4月15日)

5.11 几何与神

几何学是被古人看得很神圣的。据说在柏拉图学院的门框上有"不懂几何者不得入内"的字样。因为一些几何定理的美妙与神奇,毕达哥拉斯本人坚信几何学是上帝的杰作。后来他发现正方形的对角线长度竟然与原边长不共度(无理数),觉得简直不可思议。因为上帝是不可能造出这种不合理的东西来的。几何与神的关系因此而打了点折扣。几年前有人讨论有神论和无神论。讨论的时候竟然涉及几何学,几何与神的关系竟然在现代找到了新的支点。有一个支持上帝存在的帖子写到(大意如此):

> 现存的三种几何:欧几里得几何、黎曼几何以及罗氏几何,对平面三角形内角和有很矛盾的结果。等于、大于或小于 180 度。造成三种几何体系之间的矛盾的关键仅在于一点上:怎样处理这条平行公理——① 平行线唯一性或② 无平行线或③ 多平行线。那让我们看看哪一种几何是符合我们生存的这个空间呢,或者对我们人类来说是真实的呢。很明显是从"平行线的唯一性"得出的欧几里得几何体系。
>
> 当我们看看世人对神存在的态度时,会发现一个惊奇的巧合。我们也有三种体系:①独一神;②无神;③多神。人和人之间矛盾的产生全可以从我们对神的态度上找到源头。与上相仿,我们同样可以问这样一个问题:哪一种体系对人类是真实的呢?

没想到有神无神竟然扯到几何。我对有神无神的讨论没有兴趣,因为我认为这种讨论永远不会有结果。尽管如此,因为扯到几何学,我也就自然加入了讨论。

如果在几百年前说这三种几何之间有矛盾,或许还说得过去。但现代的几何学已经有了很大的发展,如果还继续谈这种矛盾,就有点不对劲了。从现代微分几何的观点出发,对上面引文提到的这几种几何是有统一认识的,并没有什么矛盾可言。

一切几何性质都由度量决定。有了度量就有了曲率,不同的曲率产生不同的几何性能。

曲率为 0 时，比如平面，平行线公理成立，也就是说过一点能且只能引一条平行于另一条直线的直线，三角形内角和等于 180 度。这种空间上的几何学就是人们所说的欧几里得几何 (也叫抛物几何)。

曲率为正常数时，比如球面，所有"直线"(也就是测地线——两点间最短线) 都相交，所以没有"平行线"。我们知道，从北极可引无数条"直线"垂直于赤道。两条经线和赤道所组成的三角形内角和也大于 180 度。在正曲率空间上的几何学就是所谓黎曼几何 (也叫椭圆几何)。

曲率为负常数时，比如射引平面 (这个例子有点专业化，但找不到更近的)，过一点可引多条"平行"于另一条"直线"的"直线"。(测地) 三角形内角和小于 180 度。在负曲率空间上的几何学就是所谓罗巴切夫斯基几何 (也叫双曲几何)。它的一个著名应用就是相对论。

上面的这些在不同曲率空间中关于三角形内角和的结论，只不过是一个叫作 Gauss-Bonnet 定理的特例而已。清楚得很，没有什么矛盾可言。

这些不同曲率的空间并非只存在于数学家的大脑里，在物理空间中是有其模型的。比如我们生活的空间，局部来说，欧氏空间就是它的一个很好的模型。但从整体来讲，现代物理认为引力可以使空间"弯曲"，也就是说在强引力场附近，最短线 (比如光线的轨迹) 不是直线。这一点已被天体物理实验所证实，我们因此可以看见应该被太阳"挡"住的星体。

讲这些东西的目的，并不是要讨论上帝是否存在。只是觉得用三种不同的几何之间的所谓"矛盾"来作例子不太合适，顺便给大家科普一下。其中有些说法或许不是很严格，但科普的东西，只要本质上没有错就好了，细节问题就顾不了太多了。

(1998 年 3 月 18 日)

5.12 闲聊扑克

中国人聚在一起，最常见的活动之一就是打牌。这西方人发明的东西却在中国人中更盛行。在美国十多年了，很少看见美国人打牌。偶尔与他们聚会时有人打牌，也不过是一些简单的 Black Jack 或 Poker 之类的 (扑克的译名就是从 Poker 来的)。玩得州扑克的职业扑克手有技术，但一般美国大众玩扑克基本上都是撞大运，没有太多技术性可言。即使是起源于西方的桥牌，也好像在中国更流行 (至少在我的朋友里，中国人会打桥牌的要比美国人会打桥牌的比例大得多得多)。

中国人打牌的花样很多，根据人的多少或场合的不同而定。

牌的最普及玩法大约要算升级，或与此类似的百分。四人玩。我不是太喜欢这种玩法，主要不满的是扣牌。六张牌一上一下，牌的自然分布完全变了。打起来大部分时候都是一边倒，没有什么意思。有些地方的玩法还不能看扣的牌，这更是让人摸不着头脑。还有些地方的玩法允许扣分，整副牌都取决于抠底，趣味性又大打折扣。但是，升级也有优点，那就是它普及率很高，几乎人人都会。只要凑够四人就可以开打，特别适合于两对人的聚会，也就是美国人讲的 double date。在火车上玩也比较合适。

另一种四人玩法就是"拱猪"。我认为拱猪比升级要高一等。有局部技巧，也有整体设计。特别是在收红或者全收的时候，不但要记牌，还要考虑牌的分布，甚至桥牌上的紧逼、投入等技巧都可以用到。常看见一些自认为是拱猪高手的人，手上有猪外加一大把黑桃，自以为绝对不会被拱出来，于是明猪。几手交换下来，不懂得把外面的黑桃打绝，最后被别人小黑桃投入。明猪烂在手里，还带加倍与一大堆红桃。一下输掉上千分还不知道怎么输的。还有收红时不知道如何用副牌紧逼，打对家时不知道如何给对家信号等等。不懂得这些技巧是不能算拱猪高手的。波士顿大学的中国留学生搞了一个拱猪服务器，愿意拱猪的联上网就可以拱。那里水平高的人很多，牌品坏的人也不少，看见输了很多分，没等打完就退了出来，很令人扫兴。

再高级一点可以打桥牌。桥牌的乐趣不用我在这里多说。大学理工科很少有不打桥牌的，而且一打就上瘾。记得我读大学的最后一年，班里打桥牌成风。八十个人的班竟然可以组织十二个队 (每队四人) 打比赛。一些人几乎全天打桥牌。早上起来还没下床就大喊一声："一缺三"，隔壁寝室里就有人接着喊："二缺二"，下得床来已经凑成一桌。桥牌与前面说的几种牌相比，最大的缺点就是很难找到合适的人。桥牌对牌手的要求很高，规则、约定也不是两三下就可以说清楚的。四人水平要差不多才有趣。如果有一人太差，则趣味性大减，好好一副牌给打宕了，扫兴的时候比高兴的时候多，还不如不打。所以很少有人在聚会的时候打桥牌。一般来说，打桥牌的人都是老搭档。老搭档一旦调工作或搬家，牌局立马散伙。这种情况发生几次以后就很难再提起兴趣。桥牌网倒是可以解决这个问题。OKbridge 刚成立的时候我也打过一阵。现程序的最原始作者之一是我的一个很好的朋友。OKbridge Beta 期间是我打得最多的时候。现在在上面打的人多了，我反倒停了下来。一方面是因为没有时间，另一方面是因为桥牌网开始收钱了。到如今，除了老朋友聚会，我很少打桥牌。

　　人再多一点就可以打三先。这是在北京很流行的打法。六个人分两组，三人一伙。说起来很简单，三先就是争上游。没打过的人一说就会，凑够六个人就可以开打。规则虽然很简单，但因为有王和二与别的牌的搭配，可能的组合很多，技术要求还不低。再加上三人一组，需要考虑队友之间的配合，很有点整体作战的味道。扛牌、传牌等初级技术以及放强打弱、虚张声势、摆空城计等高级战术配合起来，相当有趣。再加上双方的大喊大叫，热闹得很。现在我参加聚会，只要人多，我一般都主张打三先。

　　如果人太少，比如只有两个人，也可以有很多打法。我以前最喜欢的两人打法是算 24 点。每人分一半牌，每人每次出两张，共四张牌。用加减乘除将这四张牌算成 24。谁先算出来谁收这四张牌。这样一直打下去，打到一人没牌为止。会打 24 点的人很多。随便走到哪都能听见有人自吹 24 点无敌手，真正打起来却发现满不是那么回事。算 24 点还有一种变化打法，不过知道的人不多。我自己曾经在这上面栽过一次，虽然近二十年过去了，仍然记得很清楚。我的一个数学家朋友绝顶聪明，反应尤其快。有一次与他聊天，发现他居然没听说过算 24 点。于是我放大胆说从没遇到有人能算过我，他当然不信，于是两人打起来。很快他就输光了。打完后他说这不是你算得快，而是你打得太多，所有的四张牌组合都被你看熟了。说实话，他说得很对。这种牌打久了以后，四张牌刚一放在桌上，马上就知道能否

数苑趣谈

算出来。拍完手后现算也来得及。他想了一下说他有办法对付我的经验。他提议咱们不算 24，而是算变数。从 1 开始算，算出 1 以后算 2，算出 2 以后算 3。算不出来下四张接着算，算出来后被算的数加一。这种算法真正是考反应速度。特别是遇到素数的时候，没有什么组合，完全靠临时搭配。这种新算法对我还有另一种难处。我算 24 点的经验总是帮倒忙。因为我看见任何四张牌，先要本能地算一遍 24，这样无形中浪费很多时间。而他没有算 24 点的经验，反倒算得得心应手。好像令狐冲没了内功反倒帮他学成吸星大法。我们算了几个小时，最后算到一百二十多时我完全输掉。这种打法比 24 有意思得多，但很少能找到人愿意玩，只好打 24。现在有人找我打 24 点，我一般都让他先算算 4, 4, 7, 7; 5, 5, 5, 1; 1, 6, 6, 8 之类的，测测其深度。

另一种比较有意思的两人打法是考短期记忆能力的。将整副牌打乱后散放在桌上，牌面向下。每人每次可以翻两张牌。如果这两张牌同色同值，比如红桃六与方块六，黑桃 J 与草花 J，则可将其拿走，接着再翻。如果两张牌不是一对，则把它们再翻回去。轮另一人翻。到最后谁拿得多谁赢。打牌的人要记住以前翻过的牌在哪里。翻出第一张以后，如果自己的记忆中有与此配对的，则可将它翻起来。有时候桌上会有十几张牌需要记，很容易糊涂。我以前觉得自己还可以，现在发现还打不过我儿子。据说小孩子的短期记忆力比成年人好。还有人说有些人的记忆是图像式的而不是数值式的。图像式记忆对玩这种牌有很大好处。因为不但要记牌值，还要记位置。我打牌的时候全神贯注，嘴里念念有词，牌张多起来就念不过来了。而我儿子打牌时心不在焉，却什么都记得住。看来小孩子在这方面确实有优势。

(1997 年 9 月 17 日)

(2018 年) 后记：最近这几年一个比较流行的玩法是找朋友。因为人多 (5 至 10 人都可以)，一副牌不够，就玩两副、三副，甚至五副。这样一来，多了一些原来一副牌没有的特性，比如同花同数，从而引出拖拉机、小火车等等。因为牌多、人多，打过的牌不太容易记住。所以，在我看来，这种玩法更多的时候是图个热闹。

5.13　关于中医的一段对话

中医是一个敏感话题，任何关于中医的话题一上网，马上就引起一场战斗。有鉴于此，我几乎从来没有写过关于中医的文章。

前几天在一个聚会上，有一个张姓中医信奉者大谈中医，我就与他聊起来。没有想说服他的意思，但这个话题比当时其他八卦话题更有意思。没想到聊完以后他说，你的思路比较独特，应该把它写下来。

其实我没有什么独特的思路，只不过因为学数学的原因，养成了对任何一个结论都喜欢考虑它的方方面面。换句话说，数学教会了我严谨。我与这位张姓朋友的讨论也基本上就是这个路数。既然这个路数对他有用，写出来或许也会对别的一些人有用。当然，网上不比私人聚会，这文章贴出来换来的是板砖还是玉石我就没法预料了，随它去吧。下面是整理后的对话。

张：我一个表兄的太太得了一种病，多次看西医无效，后来得了一个中医偏方，几服药下去病就好了。中医真是太神奇了。

我：这不能说明那偏方有用，说不定有其他什么原因。

张：你没听清楚吗？我说的是她多次看西医无效，后来吃了几服这个偏方的药就好了。

我：如果你感冒，吃了6天中药都不好，第7天吃了一片西药感冒就好了，你能说是西药的作用吗？

张：当然不能。大家都知道感冒治不治都是7天好。第7天感冒好了与吃那片西药无关。

我：那你怎么就能肯定你表嫂的病好了与那个偏方有关呢？

张：嗯，这个，我表嫂的病不是感冒，不治是不会好的，好了就肯定是因为那个偏方。

我：你自己也觉得这个回答有点勉强吧？我并不是肯定地说，你表嫂的病不是那个偏方治好的，而是说不能肯定是。这个不能肯定是和肯定不是还是有区别的。

张：照你这么说，总有不定因素存在，没有什么可以是肯定的，西医治好的病也不能肯定。

我：如果有比较的话，还是可以排除很多不定因素的。

张：怎么个比较法？

我：比如，你知不知道有没有别人也用这个偏方治好了同样的病？更进一步，有没有别的人吃了这个偏方没有治好同样的病？

张：这个偏方能够流传肯定是因为治好了很多同样的病。至于那些没有被治好的例子，没有人会去讲它，当然我们也无从知道。

我：这就是问题之所在，没有治好的例子都被忽略了。

张：忽略也好，不忽略也好，只要有成功的例子就说明它有用，哪怕是只对某些人、某种情况有用。有多少例子被忽略又有什么关系。

我：被忽略的例子有多少，那关系是很重大的。

张：怎么样重大法？

我：你知道星期一足球吗？

张：你说的是 Monday Football 节目。每个星期一电视上播放的足球赛实况？这与中医有什么关系？

我：你知不知道有赌场接受对这个比赛下赌注。赌对了就能赢钱，赌错了就赔钱。不过赌注必须在比赛开始十分钟以前下，过了这个时间就不接受下注了。

张：那又怎样，还是不知道这个与中医有什么关系。

我：假设过去十周每次开赛前五分钟你都收到一个 Email，告诉你比赛结果。而且，过去连续十个星期它都蒙对了。也就是说 Email 说哪个队胜，后来真就是那个队胜。

张：如果双方实力相当，连续蒙对十次是几乎不可能的事。

我：我当然也知道这是几乎不可能的事，否则就不会用它做例子了。现在假设这件几乎不可能的事发生了。第十一个星期开赛前头一天，发那个 Email 给你的人又给你发一个 Email，说如果你付我 1000 块钱，我现在就告诉你明天比赛的结果。你干不干？

张：当然干了。连续 10 次都被他说对，他肯定知道什么秘密。付他 1000 块，马上去赌场下注，很容易就赚更多的回来。这种肯定赚的事当然干了。

我：听起来好像很有道理，但实际上你上当了。

张：此话怎讲？

我：从你眼里看，你每周只收到一个 Email。你不知道的是他同时给许多人发 Email。比如，十周前他给 1024 个人发 Email，其中一半说 A 赢，一半说 B 赢。总有一半是对的。下一周，他只给上周被他蒙对了的那些人发 (有 512 人)。这次他也是一半说 A 赢，一半说 B 赢。同理，总有一半是对的。如此下去，最后总可以有一个人收到连续十周都蒙对的 Email，那个人就是你。

张：也就是说这个人其实什么秘密也没有，只要照这个步骤办就可以保证连续十周都蒙对。

我：你总算明白了。

张：你的意思是说，那个偏方只是蒙对了，实际没有什么功效？

我：我没有这么说。我只是说，单单从一个成功例子不能说明那个偏方有效。

张：照你这么说，西药治好了病也不能说它有用。

我：单单一个成功例子当然不能说明它有用，不管是中医还是西医。但是，如果我们有很多例子，成功的和不成功的对比，就可以大致判断哪些是有用的，哪些是凑巧。

张：这是不是就是西药开发时做的临床试验？

我：原来你知道得很多啊。

张：只是听说过"临床试验"这个名词，其实不知道具体内容。

我：这个临床试验 (clinical trial) 要仔细解释太麻烦。简单说起来，就是药检。

张：不要简单说，仔细说一说。

我：一个药在做临床试验以前，应该都在动物身上试过了。要用到人身上，第一关心的就是它有没有副作用，有没有毒性。这是临床试验第一期的主要工作。这一期通过了，才来检验它是否有效。

张：听起来还很麻烦，但我还是不懂怎么检验真有效。

我：第二期检验它是否有效时，只在少数人身上试。真正要得到批准还要做第三期，要在更多的人身上试 (往往是上千人)。做的人多，才可以去掉各种偶然因素。

张：哪些偶然因素？

我：说"偶然因素"其实不准确，应该叫"不定因素"。比如，有些药只在某些人身上有效, 试的人多了就可以发现。

张: 发现了是不是这个药就不能通过。

我: 那也不见得, 可以改申请, 只对某种人用这种药。比如有种治肺癌的药, 只对东方妇女有用。还个药在日本可以通过, 在美国却不能完全通过。

张: 还有这种事?

我: 另外一个比较重要的不定因素就是"心理效应"。有些药本来没用, 但吃的人如果觉得有用, 他或她就会产生有用的心理, 这种心理确实能对一些病产生影响, 而且这种影响还很大 (统计上不可忽略)。

张: 这下麻烦了, 心理影响这种事怎么能判断出来?

我: 对付心理影响的办法就是不告诉用药的人这个药是不是真药。真药假药混在一起, 有些人用真药, 有些人用假药。为了完全杜绝医生不小心泄露信息, 有时连医生也不知道用的是真药还是假药。这就是所谓双盲实验。只有设计试验的人知道哪些人用的是真药, 哪些人用的是假药。等数据收起来再分开。如果有什么心理作用, 用真药的与用假药的都有。

张: 虽然麻烦, 看起来也确实需要这样做才能区分真有效还是假有效。

我: 其他还有很多细节, 但基本思想就是对各种情况做比较。现在的新药要上市, 都必须要走这一步。

张: 要证明中药有真实效果大概也可以这样, 真正有效的东西是不怕检验的。不知道有没有中医这样搞。

我: 听说有, 但不知道具体情况。顺便说一下, 药检过了三期就可以开发了, 可以卖了。但临床试验还没有完。还有后期跟踪, 所谓四期、五期。因为有些副作用潜伏期很长, 所以后期跟踪可以拖到十几年或者几十年。中药的副作用问题又完全是另一个问题了……

张: 扯太远了。我们不谈中药的副作用问题, 接着谈正作用。突然想到一个问题, 中医很难搞大型临床检验。

我: 为什么?

张: 中医是很个性化的。每个人看中医都要经过诊断, 什么"望闻问切"之类的, 不可能大家都统一划齐, 用同一种药同一种分量来试。

我：这是你今晚说的最有水平的一句话。

张：所以你就没有对应了？

我：不是没有对应，而是要一样一样地说。

张：什么意思？

我：我们开始讨论的是治某个病的偏方，也就是说凡是得了这个病的都可以用，所以前面的讨论都有效。你现在加上"望闻问切"，问题已经改变了。

张：OK，前一个问题就算你对，讨论结束。现在这个新问题你怎么解？

我：当你夸中医神奇的时候，虽然用的是它过去成功的例子，但你真正关心的却是它以后的成功。对不对？

张：没听懂。

我：假如中医过去治好了无数疑难怪症，但它从此以后什么病都治不好，是不是就不那么神奇了？

张：那当然。我们当然关心的是它以后能不能治病。

我：要想以后成功就必须要有规律可循。就拿你说的"望闻问切"来说，诊断完了就要下药。在某种脉况、某种苔色等各种条件下应该下什么样的药，必须有这样的规则可循以后才可以治病，不能随意乱变，对不对？

张：还有其他很多条件，比如节气、年龄等等等等。

我：不管再多条件，总必须有规可循，不能随意乱变，对不对？

张：那当然。

我：即使有新情况，也要找出某种规律，以后可以遵循。

张：那当然。

我：只要有规可循，我们就可以做试验来比较。虽然这个试验会复杂得多。

张：那不是一般地复杂了。

我：复杂是复杂，但理论上还是可行的。

张：那你设计一个试验来看一看。

我：这还是改天吧，哈哈。

张：不过我还是很关心中医个性化的问题。

我：实际上，西医也开始有人搞个性化了(personalized medicine)。前面提到的那个治肺癌的药，当人们发现它对东方妇女特别有效时，就去研究为什么。东方妇女有什么特色？

张：研究结果是什么？

我：那个药对一个叫 EGFR 基因有变异的人比较有效，而东方妇女中 EGFR 有变异的比例比西方人高。

张：所以，只需要查这个基因变异就行了。

我：现在的西医个性化有很多都基于基因，这样的个性化比"望闻问切"要科学得多。

张：什么叫要科学得多？

我：今天就到此为止吧。今天我想说明的思想就是一个，没有比较，成功的个例不能说明问题。

张：这一点我现在也很清楚了。

对话其实还有很多，比如关于中药的副作用，如重金属问题、最近出现的马兜铃酸问题等。如果都包括进来就太长，影响中心思想。以后或许再写一个续。

(2013 年 1 月 14 日)

5.14 以有涯随无涯

今年 2 月 11 日,激光干涉引力波天文台 (Laser Interferometer Gravitational Wave Observatory, LIGO) 宣布验证了引力波 (图 1)。引力波是爱因斯坦一百年前通过逻辑思维想象并推导出来的。经过一百年的科技发展,人类终于有能力来验证它了,实在是可喜可贺。伽利略的望远镜拓宽了人们观测天空的视野,引力波的验证给我们打开了研究宇宙的新窗口。这是人类科学历史上重要的一天,全世界都为此而激动。各国媒体都予以广泛报道。中国媒体也不落后,除了新闻报道,还有不少人写科普文章介绍引力波,广为宣传。

图 1　引力波 (I)

如果新闻到此为止,普天同庆,皆大欢喜。但是,有好事者认为这个独立事件八卦性不够,硬是把这个新闻与五年前的一个电视节目联系在一起了。因为那个节目的主角在谈话中偶尔提到了引力波这个词。这节目本来与引力波的发现没有丝毫关系,现在不但通过一个单词联系了起来,更因为这个节目的一些有争议的行事方法,在网上引起一个不小的风波,进而引出一段与数学有关的故事。我们就来谈一谈这个风波的来龙去脉,顺便欣赏一下相关的数学问题。

先从事件中心这个节目说起。据说这个节目是让 "能人" 到节目上讲他们的能力或理论,希望找到工作或投资。那天的节目请了一个大哥。这位大哥一上来就反

数苑趣谈

爱因斯坦，讲什么超光速、长生不老，还说他的发明可以得几个诺贝尔奖。明眼人一看就知道此人已经走火入魔。有嘉宾告诉他如果真认为自己这些发明正确，可以把它们写成专业论文投到学术杂志上。还有嘉宾劝他，把这些当成业余爱好可以，但不要影响生活。还有嘉宾直接就对主持人说，这人病得不轻，救人要紧。按说这些话本身并没有错，但因为嘉宾们心里清楚这位大哥根本就是在胡说，言语间就有一些嘲讽的口气。这位大哥在解释自己理论的时候说自己这套理论不同于牛顿力学，依据的是引力波。就是这么偶尔地一提，没想到与五年后红起来的引力波拉上了关系。于是这视频被好事者挖出来，并配上一个唯恐天下不乱的标题"工人提引力波遭嘲讽"。网上便因此炸开了锅，许多评论都说嘉宾不尊重科学，打压创造。要允许有梦想。

从视频看，当时的场面比较尴尬。台上有好几个嘉宾很清楚这位大哥说的东西与科学背道而驰。任其在台上宣扬伪科学不好，与他辩理更不行，因为他用的是不同的逻辑体系。实际上他用的许多单词，比如"引力波"，他自己都不清楚是怎么回事。用劝说的口气又有欺负"病人"之嫌。归根到底是节目组的错，把这样的人请到台上就是存心让他上去出洋相。把这个视频挖出来，并采用"工人提引力波遭嘲讽"这样的标题，明显就是想挑事。抛开这个节目不说，有人要挑事，竟然就真的能挑起来，这是比较可悲的地方。相当一部分读者对这些人有天生的同情心，觉得他们已经很努力了，应该给他们话语权。要允许人有梦想。这些人由于自身科学素质低，不知道现代科学发展到今天，积累了许多前人研究的结果。要想对其有新的突破，必须先系统地学习前人的结果。不愿系统地学习，而是异想天开地搞什么永动机、长生不老，企图一鸣惊人。这不能叫梦想，只能叫妄想。

社会上这样的人还不是一个两个，各地都有。有人把这些不愿意一步一步地努力学习，却总想一鸣惊人，语不惊人死不休的人称为"民科"。比"民间科学家"这个词又要多一层"妄想者"的成分。真正搞科研的人都不去理会民科，但他们却总有一定的市场。民科在社会上能够得到一些人的同情甚至认可和支持，归咎起来，是因为大众的平均科学素质不高，愿意相信神话。所以，要根除这些民科的生存土壤，最根本的方法就是提高民众的整体科学素质。当然，也与一些媒体的推波助澜有关。所以，媒体需要科学素质高的人来把关，也是相当重要的一个环节。比如这个节目本身就很成问题。让一帮娱乐明星去判定"科学"的东西实在太搞笑。有些嘉宾懂科学,不是娱乐明星,但把他们与娱乐明星混到一起,也很难扭转形势,因为那根本就不是一个辩理的地方。网上很多人都受蒙蔽,真以为这位大哥新提出了什么"引力波"或在理论中用到引力波 (图 2)。实际上这位大哥只是用了一下这个单词,根据他在节目中的表现,我估计他基本不懂引力波是怎么一回事。许多人认为他真有什么伟大理论,有望得诺贝尔奖。于是嘉宾们落了一个打压有才之士的罪名,比窦娥还冤。

图 2　引力波 (Ⅱ)

支持民科的一个常见的观点是,爱因斯坦可以推翻牛顿,为什么我们不可以再推翻爱因斯坦?首先,爱因斯坦没有推翻牛顿,他只是把它做了"扩展"。牛顿力学在日常生活中还是成立的。其次,要推翻爱因斯坦,你得先把它搞清楚,还必须说明它如果不对,为什么有那么多验证。不能一上来就超光速什么的吓人。

当然,并不是所有人都支持民科的。科学素养高的人都能够清楚地认识到民科的本质。

民科不只是中国的特色,英国有,美国也有,世界各地都有。著名数学科普作家马丁·伽德纳还专门为民科归纳了一些特点,比如:自认是天才,觉得自己受到迫害,专门做大问题,推翻现有理论。最近还有美国加州的一个数学教授为民科列了一个指数打分系统。什么样的情况给多少分：提及"爱因斯坦""霍金""费曼"，加 5 分；认为自己应该拿诺贝尔奖，加 20 分；自比伽利略，声称自己正受到现代文明的审判，加 40 分；等等。按照这个打分系统，前面提到的大哥的民科指数远超 100 分。民科的一个常用术语是：我的理论不需要数学。

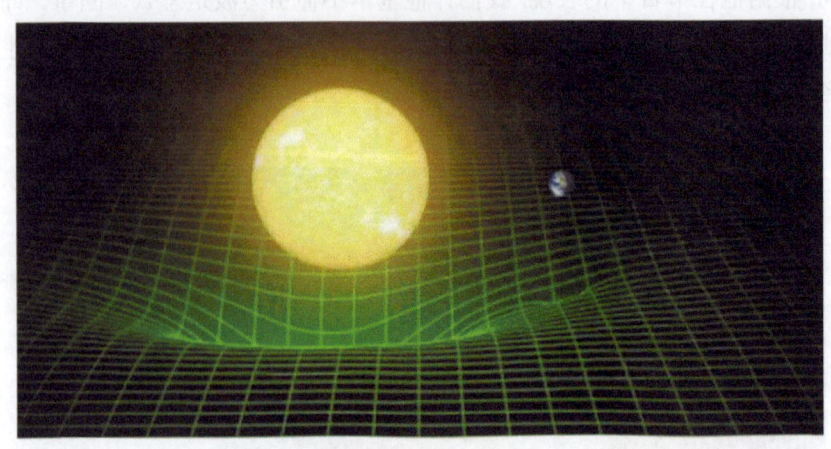

图 3　时空弯曲

更搞笑的是，在"我的理论不需要数学"的众多民科之中，数学民科占相当大的比例。这些数学民科一般都号称解决了古老难题、世纪猜想，比如费马大定理、哥德巴赫猜想等等。通常，这些古老难题叙述起来比较简单，使一些人认为解起来也简单。几十年前，我在中科院数学所读研究生，那里每年都要收到许多这些猜想的证明，数量之多，用麻袋来装。所里有一个不是数学家的业务干部经常处理这些民科证明。久而久之，他也很熟练了。"你看，这一行，这个 A 根本就不是素数嘛。"于是有人告到中央说此人专门压制民间数学家。

新浪微博有人收集了一些在中国比较著名的民科。有搞永动机的(后来发现使用前需要上发条)，有搞长生不老的，有用太极八卦搞空气动力学的，有搞量子佛学的，等等等等，欢乐无穷。

其中有一个搞数学的，我们要拿出来专门提一提，这篇文章的题目就因他而起。

这个民科数学家有一个猜想，叫"三江方土猜想"，说是调和级数收敛。原因是他苦算 20 年，级数和增长不大，并断言总和不会大于 400。看到这 "苦算 20 年" 我真的有心痛的感觉。调和级数就是 $\sum 1/n$，从 $n=1$ 到无穷求和。这个级数发散是数学系一年级就会学到的。庄子曰："吾生也有涯，而知也无涯。以有涯随无涯，殆已。"此人真的是把 "有涯" 的生命浪费在逐项求和一个被证明为 "无涯" 的级数上，明眼人能不心痛吗？古人云："听君一席话，胜读十年书。"这个人只要与数学系的明白人谈一下，节约的不是十年，而是二十年时间。当然，前提是他要愿意听。

从事实看来，他是不愿听的了。前面说了，民科之所以有市场，是因为大众整体科学素质不高。我们这里就来为提高大众整体科学素质而努力，普及一下调和级数。

如果学过微积分，很容易知道调和级数近似于 $1/x$ 的积分，与 $\ln(x)$ 就差一个常数 γ。$\ln(x)$ 可以任意大，所以调和级数发散。不过，这个数增长很慢。要涨到 400，需要 $x = e^{400}$。这个数有 173 位，别说 20 年，他即使像愚公那样祖祖孙孙算下去也不够。

即使不用微积分，调和级数发散的结论也有简单证明。下面给出一个。

对任意 k，考虑级数中从 $2^{k-1}+1$ 到 2^k 各项之和。比如 $k=2$ 对应 $\{1/3, 1/4\}$，$k=3$ 对应 $\{1/5, 1/6, 1/7, 1/8\}$ 等。这里每一项都比最后一项 $1/2^k$ 大。总共有 2^{k-1} 项，所以其和大于 $2^{k-1} \times 1/2^k = 1/2$。每增加一个 k，就增加 $1/2$，所以这个级数会无限增长下去。

顺便说一下，网上有人看到此人花了 20 年证明调和级数不会大于 400，说他应该写程序来算，很容易就超过 400 了。实际上，如果没有数学思维，简单地写程序硬加也是不行的。调和级数增长与对数一样慢。全世界的计算机一起一项一项地加，加到宇宙末日也不够 400。所以，数学思维很重要。

因为是自然数的倒数求和，调和级数在很多题目中自然出现。我们就用一道与调和级数有关的很经典的题目来为这篇文章收尾。

趣题

一根一米长的橡皮筋一端系在墙上，另一端系在马车上。一个小虫从墙端沿橡皮筋向马车爬，每秒爬一厘米。马车每秒前行一米，橡皮筋被均匀拉长一米。假设橡皮筋可以被无限拉长，问小虫最后能否爬到马车上？

数苑趣谈

这个问题被称为虫与橡皮筋悖论。实际上这不是什么悖论,真正的悖论必须是从不同的角度或观点看问题得出相悖的结论。这个题目只不过结果与直观想象不一样,没有悖的地方。直观上,马走得比小虫快,所以小虫永远赶不上马车。但因为橡皮筋延长的时候,小虫走过那部分也相应地延长,最后结果是小虫能够赶上马车。

要具体证明这个结论就必须用到调和级数。下面我们就来证明一下。

解 先考虑比较简单的情况:离散拉长 (图 4)。小虫先爬一厘米,橡皮筋再拉长一米。在这种情况下,小虫第一秒爬行全长 1/100;橡皮筋被拉长一米,就是原来的一倍。拉长后小虫爬过的那一厘米变成 2 厘米,还是全长的 1/100。第二秒爬行一厘米,占全长的 1/200,因此时全长两百厘米,橡皮筋再被拉长一米,占全长 1/200 那一节也被成比例地拉长,还是全长的 1/200。以此类推,第 N 秒爬行全长 $1/(100N)$,所以,总爬行占全长的比例是调和级数的 1/100。当此级数加到 100 时,小虫就赶上马车了。因为调和级数发散,此级数总有加到 100 的时候,所以我们说,小虫最后能赶上马车。至于这个最后是多久,下面再讨论。

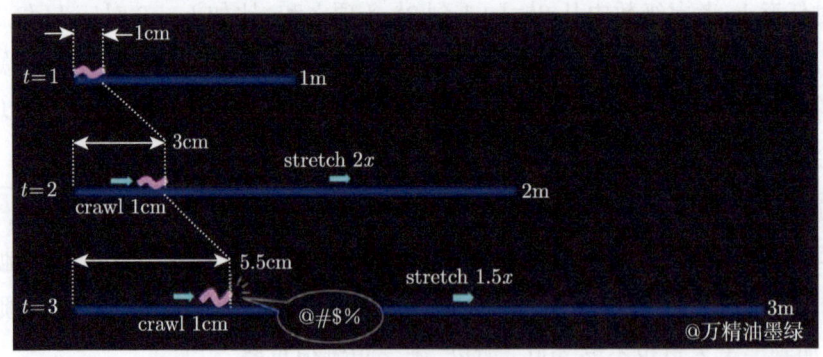

图 4 离散拉长

接着再来看比较复杂一点的情况:连续拉长。小虫爬行与马车前行同时。橡皮筋拉长与小虫爬行同时进行。这种情况就要解微分方程。假设小虫离墙的距离是 y。小虫的速度 dy/dt 就是小虫本身的爬行速度再加上橡皮筋拉长时小虫所处位置的拉长速度。如果我们以厘米与秒为单位,小虫本身的速度是 1,马车每秒前行 100 厘米,橡皮筋拉长速度是 100。其他地方的速度与所在位置成比例。t 秒时

橡皮筋总长度是 $100 + 100t$；小虫位置 y 占总长比例 $y/(100 + 100t)$。所以，按比例，小虫处橡皮筋拉长速度是 $100y/(100 + 100t) = y/(1 + t)$。加在一起，我们得到微分方程

$$\frac{dy}{dt} = 1 + \frac{y}{1+t}.$$

加上初始条件 $t = 0$ 时，$y = 0$；我们可以解出此方程的解析解：$y = (1+t) \cdot \log(1+t)$；因为橡皮筋总长是 $100(1+t)$，所以，当 $\log(1+t)$ 大于 100 时，小虫就赶上马车了。

这个结果与离散的情况略有不同，但数量级是一样的。所以我们现在只从连续情况来看这最后时间是多长。$\log(1+t) = 100$ 就是 $t = (e^{100} - 1)$ 秒，大约等于 8.5×10^{35} 年。太阳系大约还有 5×10^9 年的寿命。那个时间比太阳系的寿命还要长得多得多，可以视为无穷大。

这题目初看起来人造味太浓，哪里能有这么能拉的橡皮筋，小虫与马也活不了那么久。数学题目嘛，主要是从理论上来探讨。如果真要找实例，我们现在这个宇宙就有点这个味道。大家知道，宇宙大爆炸以后，一直在不断地膨胀，人类发出去的探测飞船就好像这个小虫。与马拉车不同的是，宇宙的膨胀不是匀速的，越是边缘的地方越长得快。很多星系即使用光速我们也追不上了。

数学不受光速限制，物理上追不上的东西，数学上可以作理论探讨。比如，调和级数，用最快的计算机逐项加，加到宇宙末日也加不到 400，但有了数学思想和方法，我们却能证明它发散。这就是数学思维的力量。用一句名言来结束这篇文章

Mathematics is able to go where no man will ever go, in either time or space. (无论是时间还是空间维度上，数学可以到达人类无法到达的地方。)

(2016 年 4 月 25 日)

数苑趣谈

5.15 π 日趣谈

今天是 π day (3 月 14 号), 是讷客 (nerd) 们的节日。在讷客聚集的学校和科技公司每年的 π 日通常都有类似图 1 那样的庆祝活动。

图 1　π 日庆祝活动

像 MIT(麻省理工) 这样讷客云集的地方, 学校的录取通知书每年都是 3 月 14 号发。如果是发电子邮件, 还要等到 1 点 59 分 26 秒才发出, 对应于 π = 3.1415926, 为本来就是喜讯的录取通知书平添一份韵味。

网上的 π 日也很热闹。像微信、微博这些社交媒体通常都转发一些与 π 有关的趣图, 这样的趣图很多, 我最喜欢的是下面这幅。

图 2 中, π 对 i 说, 现实一点 (i 是虚数, 实数在英文里叫 Real Numbers, Real 也做现实讲), i 对 π 说, 讲道理一点 (π 是无理数, 有理数在英文里叫 Rational Numbers, Rational 也做讲道理讲)。

这种趣图很多, 贴不完, 我还是来贴点干货, 聊聊 π 的计算问题。

对于 π 的计算, 中国比西方国家早。祖冲之把 π 算到小数点后 7 位的记录, 西方人要到一千多年以后才打破。生在祖冲之的年代, 对 π 不是很了解, 只知道它的几何性质, 圆周率, 所以, 要算 π 只能用割圆术, 就是用正多边形逼近圆, 如图 3。这样算很辛苦, 据说祖冲之算到两万多条边的多边形。

图 2　π 与 i

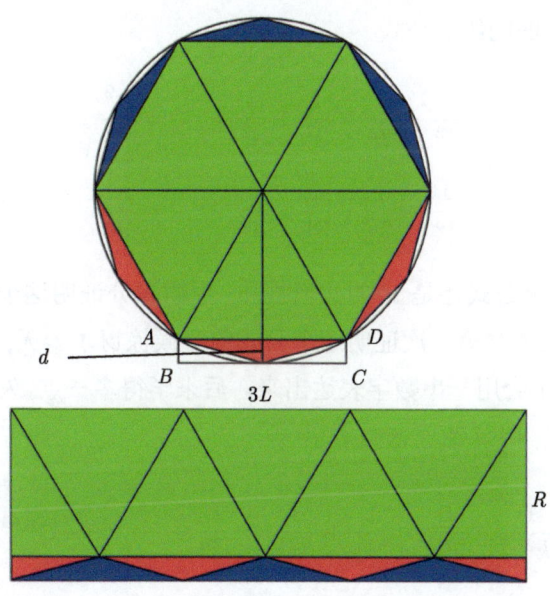

图 3　正多边形逼近圆

祖冲之把 π 算到小数点后 7 位所用的方法叫割圆术。割圆术简单说起来就是从 n 边形的边长求 $2n$ 边形的边长。n 足够大时, 边长逼近于 π。用现在的程序来算, 比如 MATLAB, 就是下面这两行迭代。

```
x=1/4; for i=1:12,x=(1-sqrt(1-x))/2; end,
pi = 2\ 12*6*sqrt(x)
```

数苑趣谈

上面的代码是从六边形开始，加倍 12 次后精确 π 到小数点后第 7 位。通常说祖冲之算到 24576 边形，这个 24576 就是 $2^{12} \times 6$。

这个割圆术不是祖冲之发明的，而是三国时期的数学家刘徽发明的。这样说起来，比祖冲之又早了好几百年。祖冲之真正的贡献是密率，他说 π 接近于 $355/113 (=3.1415929\cdots)$，相当接近啊。华罗庚说祖冲之能搞出密率说明他懂连分数。这点很不容易，所以有外国数学家提出把这个密率叫祖率。顺便说一句，除了密率外，还有一个叫约率，$\pi = 22/7 \ (=3.14)$，与我们把 3 月 14 日叫 π 日很符合。还有人因为这个约率，把 7 月 22 日叫近 π 日。

后来人们知道一些 π 的数字性质后，算起来就相对容易一点。基本都是用级数公式算。比如下面的级数公式

$$\frac{1}{1^2} + \frac{1}{2^2} + \frac{1}{3^2} + \frac{1}{4^2} + \cdots = \frac{\pi^2}{6}$$

$$\frac{1}{1^4} + \frac{1}{2^4} + \frac{1}{3^4} + \frac{1}{4^4} + \cdots = \frac{\pi^4}{90}$$

其实，上面的第一个公式还是 π 的几何性质，用微积分证明这个公式要用到三角函数。记得我读大学时第一次证明这个公式的时候惊讶了半天，想不到一个纯粹的几何量 (圆周率) 会用一串数字表达出来。后来学得多一点，发现上面那些公式实际上有通项公式，用黎曼 ζ 函数表示

$$\zeta(2n) = \sum_{k=1}^{\infty} \frac{1}{k^{2n}} = \frac{1}{1^{2n}} + \frac{1}{2^{2n}} + \frac{1}{3^{2n}} + \frac{1}{4^{2n}} + \cdots = (-1)^{n+1} \frac{B_{2n}(2\pi)^{2n}}{2(2n)!},$$

其中，B_{2n} 是伯努利数。这就开始与数论有关了。用级数算 π 的公式数不胜数，下面是一些与奇数指数有关的一类。

$$\sum_{n=0}^{\infty} \left(\frac{(-1)^n}{2n+1} \right)^1 = \frac{1}{1} - \frac{1}{3} + \frac{1}{5} - \frac{1}{7} + \frac{1}{9} - \cdots = \arctan 1 = \frac{\pi}{4}$$

$$\sum_{n=0}^{\infty} \left(\frac{(-1)^n}{2n+1} \right)^2 = \frac{1}{1^2} + \frac{1}{3^2} + \frac{1}{5^2} + \frac{1}{7^2} + \cdots = \frac{\pi^2}{8}$$

$$\sum_{n=0}^{\infty}\left(\frac{(-1)^n}{2n+1}\right)^2 = \frac{1}{1^3} - \frac{1}{3^3} + \frac{1}{5^3} - \frac{1}{7^3} + \cdots = \frac{\pi^3}{32}$$

$$\sum_{n=0}^{\infty}\left(\frac{(-1)^n}{2n+1}\right)^4 = \frac{1}{1^4} + \frac{1}{3^4} + \frac{1}{5^4} + \frac{1}{7^4} + \cdots = \frac{\pi^4}{96}$$

$$\sum_{n=0}^{\infty}\left(\frac{(-1)^n}{2n+1}\right)^5 = \frac{1}{1^5} - \frac{1}{3^5} + \frac{1}{5^5} - \frac{1}{7^5} + \cdots = \frac{5\pi^5}{1536}$$

一个值得特别提一下的是欧拉公式。我们都知道，调和级数发散，但如果在调和级数中改一些加号为减号，就可以收敛到 π。至于改哪些项，这就与那个数的整数分解有关了，纯数论的东西。

$$\pi = 1 + \frac{1}{2} + \frac{1}{3} + \frac{1}{4} - \frac{1}{5} + \frac{1}{6} + \frac{1}{7} + \frac{1}{8} + \frac{1}{9} - \frac{1}{10} + \frac{1}{11} + \frac{1}{12} - \frac{1}{13} + \cdots \text{(Euler,1748)}.$$

上面那些公式虽然看起来很整洁、美丽、有规律，但真正算起来收敛太慢。现在把 π 算到几千万亿位数的算法是不会用上面那些级数的，而会用类似下面这样的看起来很丑陋，收敛却很快的级数公式

$$\frac{1}{\pi} = \frac{12}{640320^{3/2}} \sum_{k=0}^{\infty} \frac{(6k)!(13591409 + 545140134k)}{(3k)!(k!)^3(-640320)^{3k}}$$

这种隐藏在丑陋外表下的快速收敛美只有搞计算的人才能欣赏。有些人还嫌隐藏得不够深，还要往隐藏深处发展。有一个叫 Obfuscated C 的比赛就是看人们如何隐藏算法，隐藏得越深越"美"。这里面最让我欣赏的是下面这个 C 程序，短短几行，可以算出 π 的一万五千位数。

```
a[52514],b,c=52514,d,e,f=1e4,g,h;main(){for(;b=c-=14;h=printf
("%04d",
e+d/f))for(e=d%=f;g=--b*2;d/=g)d=d*b+f*(h?a[b]:f/5),a[b]=d%--g;}
```

因为是 Obfuscated C，估计一般的 C 程序员看不懂。如果知道是 Rabinowitz and Wagon 级数算法，可能会好懂一点。

```
#define _ F-->00 || F-00--;
```

数苑趣谈

```
long F=00,00=00;
main(){F_00();printf("%1.3f\n", 4.*-F/00/00);}F_00()
{
                        - - - -
                 - - - - - - - - - -
             - - - - - - - - - - - - - -
           - - - - - - - - - - - - - - - -
         - - - - - - - - - - - - - - - - - -
       - - - - - - - - - - - - - - - - - - - -
       - - - - - - - - - - - - - - - - - - - -
     - - - - - - - - - - - - - - - - - - - - - -
     - - - - - - - - - - - - - - - - - - - - - -
     - - - - - - - - - - - - - - - - - - - - - -
     - - - - - - - - - - - - - - - - - - - - - -
     - - - - - - - - - - - - - - - - - - - - - -
     - - - - - - - - - - - - - - - - - - - - - -
       - - - - - - - - - - - - - - - - - - - -
       - - - - - - - - - - - - - - - - - - - -
         - - - - - - - - - - - - - - - - - -
           - - - - - - - - - - - - - - - -
             - - - - - - - - - - - - - -
                 - - - - - - - - - -
                        - - - -
}
```

更搞笑的是上面这个 C 程序，程序里几乎没有数字，就是用圆面积估算 π，居然能算两位。

这种用数数估算圆面积的模拟办法算 π 很早以前就有人搞。其中一个最著名的是蒲丰抛针法 (Buffon's Needle)。说是在有格线的纸上抛针，如果针长 L，格线间距 T，抛 N 次针如果相交格线 H 次，那么可以估算 π 值为 $2LN/TH$，当 $L=T$ 时，公式简化成 $π = 2N/H$。图 4 是一个模拟，抛针 17 次，相交 11 次，模拟结果 $2 \times 17/11 = 3.1\cdots$ 结果很不错。

一般人是不会去欣赏那些隐藏很深的美的，还是更欣赏简洁，有趣的美。这方面最值得提的是欧拉公式，号称是最美的数学公式 (图 5)。这个公式把大自然中最重要的 5 个数联系起来, 0, 1, e, i, π。

图 4　蒲丰抛针法模拟

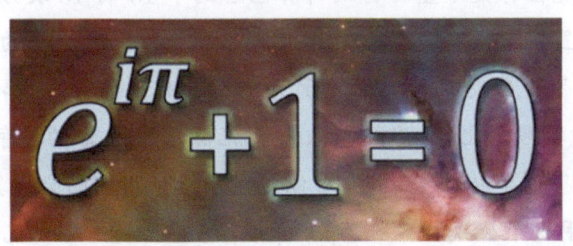

图 5　欧拉公式

本来用欧拉公式来结尾很不错，但或许有些读者会觉得不过瘾。我以前给数学文化写过一篇数学札记，其中有一段与 π 有关的文字，可参见 5.1 节 "数学札记"。

(2017 年 3 月 14 日)

数苑趣谈

———— 摘录开始 ————

20 世纪有个很著名的数学家拉马努金，他的思路与别人不一样，不时发现新奇的等式。比如数论中一些函数的等式，或有关 π 的等式等等，连大数学家 Hardy 这样的人都感到很惊奇，别人去证明他的这些等式需要花很大的功夫。可是，像拉马努金这样的奇人一个世纪才出一个，一般人没有能力去发现这些新奇的公式。这又回到我们前面所提到的问题，计算机可不可以独立发现未知公式？

答案是肯定的。被评为 20 世纪十大算法之一的 RSLQ 整数关系算法就可以用来发现新奇的公式。下面这个关于 π 的公式就是用 RSLQ 算法发现的：

$$\pi = \sum_{i=0}^{\infty} \frac{1}{16^i} \left(\frac{4}{8i+1} - \frac{2}{8i+4} - \frac{1}{8i+5} - \frac{1}{8i+6} \right)$$

关于 π 的计算一直是搞计算的数学家们觉得有趣的试刀石。计算机的每一次升级都伴随着更多的 π 的位数的计算。我们知道，计算机速度的增长遵守一个摩尔规律，说的是计算机的运算速度大约每两年（也有说是 18 个月）就要翻一番。如果我们把 π 的位数的计算与计算机速度的增长做一个图，会发现这两个量几乎完全线性相关。现在有案可查的 π 的计算已经到了 10 的 13 次方。这就带来了一个问题，计算机程序出错是有可能的，我们怎么知道这些算出来的数字可信呢？前面提到的那个由 PSLQ 方法找到的关于 π 的公式有一个特性，那就是用它可以直接算出 π 的特定数段。比如，直接算从第 8 亿位开始的 π 的数字，而不用算前面的那些位数。有了这个特性，我们就可以用它来验证用别的公式算出的 π 值。随便挑出一截来，用这个公式验算一下，如果两个数值吻合，那么就可以几乎肯定这些数字不会错。

说到 π 的数字，我们知道 π 是无理数，也就是说它的数字永远不会有循环。曾经有人说，我们永远不可能知道 π 的数字段中会不会有 0123456789 连续出现。这些人没有想象到计算机的速度可以进展得这么快（当然也因为有人发现更好的算法），这个数字段被人在 1997 年发现。它出现在 π 的第 17387594880 位数开始的那十位数。甚至在 1989 年，英国数学家彭罗斯 (Roger Penrose) 还在他的名著《皇帝的新脑》里声称，我们几乎不可能知道 π 的数字中是否会有连续十个 7 的出现。结果这个数段也被找到了。它出现在 π 的从第 22869046249 位数开始的那十位数中。仔细想一想这其实不奇怪。π 的数字如果均匀分布，这些数字，0123456789 也好，10 个 7 也好，都是一个很自然的 10 位数，只要算的位数足够多，每个数字的出现几乎都是很自然甚至必然的事。常常有人说数学家大都是无趣的人。这个关于 π 的自然而又奇妙的小知识作为朋友聚会的话题或许会帮你扭转一些无趣的印象。

——摘录结束——

Happy π Day!

5.16 上帝掷骰子
——2008 年美国统计年会杂记

关于美国的年会我写过好几个。比如数学年会(《谁想当数学家》);羽毛球全国老年年会(《生命不息,拼博不止》),以及美国围棋年会。但对我参加过多次的统计年会却一直没有写。一方面因为没想到好的标题,另一方面担心大家觉得统计很枯燥。最近看一篇关于量子力学的文章,提到爱因斯坦的著名论断:"上帝不掷色子。"统计学实际上就是关于掷色子的学问。根据观测到的数据来推出色子的一些性质。或者已知色子的性质算出某种情况出现的概率。用《上帝掷色子》作标题,借着爱因斯坦的名气或许可以抓一些眼球。

有了标题算是有了好的开头。每年的统计年会有意思的事情不少,写起来就比较容易了。

一、一英里高的城市

还是老习惯,先来一段与统计无关的轻松话题。

今年的年会在丹佛(Denver)开。飞机刚着陆喇叭里就传出机长的迎宾词:"欢迎来到一英里高的城市"。(Welcome to the Mile High City) 丹佛的海拔正好是一英里(1609 米),这也算是很巧合的事。这个高度比起其他一些高原城市来说算不了什么了,比如拉萨的海拔就比这里高出一倍还多。但对于我们这些居住在平原的人来说,这个高度就有明显的效应了。

首先,天显得出奇地蓝。这种蓝天我只在云南大理看见过。回来查了一下,大理的海拔比这里还要高。另外一点就是感到氧气不足。一般走路似乎还没有什么感觉,但跑起来就明显喘不过气来。刚来的第一天开会开到很晚,已经不能出去跑步,只好到旅馆里的健身房去跑。没想到平均七分钟一英里的速度竟然坚持不下来,只好往下调。最后调到七分半钟的速度才勉强跑完三英里,而且已经累得不行。第二天早上起来时的静止心跳,也窜到每分钟七十多下(在家时我一般都在五十以下),难怪跑不动。后来听人说一般人要好几个月才能完全适应这种情况。跑步不行就做重力训练,缺氧的情况对此不影响。事实上因为海拔高,这些铁块应该比标明的重量轻一点。或许是心理原因,在旅馆健身房几天下来,我竟然打破了我平常的重量纪录，腿蹬终于可以蹬到三倍于我的体重。

这里的人已经习惯了这种状况，跑步不受影响。我抽空去了一趟 Colorado Spring，路上看见很多跑步和骑车的人。最有意思的是，有些马路上还专门给自行车留一条道 (比一般的车道窄三分之一左右)，在美国其他地方我还没有见过。为此，对这里留下了很好的印象。

二、上帝掷骰子

爱因斯坦"上帝不掷骰子"的话针对的不是统计，而是对海森伯测不准原理所给的一个哲学断语，属于可知论与不可知论的争议范畴。统计在物理上的重要性是不可争的，它作为热力学、量子力学的理论基石之一也是众所周知的事实。爱因斯坦 1905 年发表的五篇重要文章中，除了相对论与光电效应 (因此而获诺贝尔奖) 的文章外，还有一篇关于布朗运动的。这个布朗运动可就是实打实的依赖于统计。统计不单是在物理这样的理论上有用，在现实中的应用更是到了无所不及的地步。政治、经济、管理、体育、制药，你想得出来的领域，都或多或少地可以找到统计的应用。来开会的人除了学校的教授、研究生，相当一部分来自政府各部门、各大制药公司、华尔街投行等等。洋洋五六千人，可谓声势浩大。

大会的演讲程序表，单是题目及主讲人就列了好几十页。线性回归、蒙特卡罗、基因矩阵、棒球比赛数据、选举加权等等五花八门的题目真是应有尽有。这也是我很喜欢来参加这个会的原因之一。总能找到有兴趣的演讲听，开会效率很高。最近看到一本书上有一章的题目是："上帝不掷骰子，或许会玩牌"，其实还是一个意思。规律定在那里 (比如万有引力、电磁场)，剩下的就是按这些规律的运动。变量多了，系统就很复杂，宏观上的结果就带有很多随机性，与掷色子差不多。因为有大数定理 (或者叫中心极限定理)，统计总会在现实中到处派上用场。上帝的骰子总是要继续掷下去的。

三、有偏差的样品

斯坦福大学的统计教授笛阿孔尼斯 (Diaconis) 在课堂上给学生表演掷硬币，说是想掷头就掷头，想掷尾就掷尾，可以掷出任何给定的概率。如果用它掷出的结果做样本，去估计那个硬币的性质，就不会得到正确的结果，因为样本有系统误差。

数苑趣谈

笛阿孔尼斯是数学界很传奇的人物。他能准确地掷出头尾，是因为他从 14 岁到 24 岁都是在各地巡回演出的职业魔术师。24 岁时他想弄清楚一些组合游戏里面的原理，就请人给他推荐一本概率书。别人给他推荐了费勒的概率数学原理，可惜他看不懂，因为他不懂微积分。为了弄懂费勒的书他决定上大学。两年就数学本科毕业。这时他已经被数学、统计这些理论东西所吸引，决定继续读研究生，而且说要读就读最好的，于是就申请哈佛。本来，凭他的成绩是进不了哈佛的，因为他第一年的微积分得了两个 D。所幸的是，他有著名趣味数学专栏作家伽德纳给他写推荐信。推荐信说："数学的东西我不是太懂，但我知道在过去十年里发明的最好的十个数学魔术中，这小子发明了其中两个。凭这点你们是不是应该多考虑一下。"几乎每个数学家都是伽德纳的粉丝，哈佛数学教授也不例外。伽德纳的话分量很重，笛阿孔尼斯当然就进了哈佛。事实证明伽德纳的眼力是不错的。笛阿孔尼斯经过哈佛的熏陶终于成了数学、统计上的大家。他的研究范围很广，证明的定理当然也很多。其中一个定理在非数学界也很有名气，那就是"洗牌定理"。说的是一副 52 张的牌要洗七次才能洗匀。洗少了不匀，洗多了没必要。所以你下次打牌一定要洗七次。如果洗太少，上次有人出拖拉机，就要影响下次牌的分布。

笛阿孔尼斯的故事很多，可以写一本书。我们还是言归正传，谈我们的样品偏差。

样品偏差有些是人为的，比如笛阿孔尼斯掷的硬币；有的是无意识的，比如有人用佛罗里达的数据得出结论说富人死亡率高于穷人死亡率。事实上因为很多老人搬到佛罗里达去度晚年，最后死在那里。这些老人平均起来比当地人要富很多，大大影响了死亡人员的经济情况。

这次会议中听到一个有意思的偏差样品的例子。说是第二次世界大战时，美国国防部有人研究战斗机应该把飞行员放在什么位置比较安全。他从所有飞回来(没有被击落)的飞机上的弹孔取样做统计。发现有个位置弹孔很少，于是得出结论那个位置最安全。后来有人说：那个位置上有弹孔的飞机大概都被击落了，所以，飞回来的飞机上那个位置的弹孔最少，或许那是最不安全的位置。显然这个人的统计没有学好，或者说战争年代高人都去造原子弹去了。

这种偏差样品现实生活中也能找到很多例子。比如你如果用三鹿奶粉来测一般奶粉的成分，那就有系统偏差。另一个更切实的例子是，我经常听一些从中国回来的人说，中国人现在生活比美国人好。说是他们的同学个个开好车，顿顿吃饭馆，家事有佣人。不像我们在美国下班后回家还要做家务，周末还要割草。对这些论点我不敢赞同。首先生活质量的判别有许多因素，另外，后园有草割也不见得都是坏事。但我反对的原因主要还是样品的偏差。需知这些过得好的同学都是在大城市，不能代表绝大多数。实际上这些同学也不能代表大城市的居民，甚至连他们的同学都不能代表。很可能的情况是，这些是同学中混得最好的一小部分。你从国外回去，混得好的同学来找你，表示他们混得不比你差。而这些混得好的同学常常也是同学聚会的积极组织者。混得好不到老同学处显摆一下岂不是锦衣夜行。所以我说这些同学是带有严重偏差的样品。

四、博览会

数学会也好，统计会也好，与会同时进行的都有一个博览会 (Expo)。就是与它有关的各个商家在这里宣传他们的产品，还有各政府部门在这里摆摊招工。最多的当然是书商，其次是各种各样的数学与统计软件。十几个篮球场那么大的大厅被这些厂家占得满满的。

每个厂家为了吸引顾客，都在自己的亭子里放一些免费小礼品，各种各样的笔、书签、鼠标垫等。大家边看边拿，一圈走下来，差不多装半个塑料袋。有些礼品还真是很实用。比如，房利美 (Fannie Mae) 的笔形螺丝刀，体积比一支笔大不了多少，却有四种不同的螺丝头，很实用。Google 的闪光胸针设计得也别致有趣。

还有些艺术家在这里卖数学艺术品。比如那个卖克莱因瓶的就是每会必到。克莱因瓶是二维无定向曲面。虽然怀特定理说可以把它嵌入到欧氏空间中，但那需要四维空间。要在三维里做克莱因瓶，就必须要自相交。这自相交在什么地方交，以什么方式相交，可以产生各种各样的克莱因瓶。这些克莱因瓶怎么把水倒进去，倒出来都可以研究一番。我没有买过，每次看见我都要想：如果里面脏了怎么洗。另一个每会必到的是卖科学衫的。在 T 恤衫上印出各种科学幽默、卡通。我每次都买一两件。最喜欢的一件是：一个有曲面积分的式子，里面有椭圆函数等一长串数学符号，下面是一句问话：到底哪一步你不懂？(Which part of this don't you understand?)。我们家的 T 恤衫除了跑步比赛发的以外，差不多都是这些科学衫。

数苑趣谈

对我来说,当然主要是转书铺。这里买书可以比书店便宜百分之二十。与工作有关的书可以报账,便不便宜也无所谓。但自己买书百分之二十还是比较可观的。有时还会有意外惊喜。上次买一本趣味数学书,正遇到作者 (Peter Winkler) 在那里签名。我对趣味数学有很大的兴趣,正好借机与他聊了半天,收获很大。

对数学软件我也很有兴趣。我并不是要买这些软件,而是对他们的一些设计或相关的东西有兴趣。有一次我走到 Mathematica 的亭子面前。亭子里一个工作人员过来与我打招呼。我随便瞟了一眼他衣服上别的名片,眼睛突然发亮。

我:哇,你就是大名鼎鼎的 Eric。

E:大名鼎鼎不敢当,我就是 Eric。

我:你的数学世界 (Mathworld) 给我太多的帮助,我真应该谢谢你。

E:很高兴它能对你有帮助。

我:你知不知道你的数学世界是我浏览器上的第三个常用地址。

E:让我猜一猜,第一个肯定是谷歌,第二个大概是维基。

我:全说对了。

E:很荣幸能排到第三,我一个人的能力也不能与它们竞争。

我:难道数学世界都是你一人之力吗?

E:以前都是我一个人,后来有些人帮忙。不过 95% 以上都是我自己搞的。

我:厉害厉害。谢谢。

Eric Weisstein 是加州理工的物理博士。从高中开始就收集数学公式及相关信息。后来把它放到网上,一直发展成现在的数学世界。数学世界是数学方面的网上百科全书,相当于维基,在数学界享有盛誉。不过它比维基早很多,而且运作方式也不一样。加入 Wolfram Research 以后,数学世界已经扩展成科学世界 (www.science-world.com),其中包括数学世界、物理世界、生物世界等,建议大家去看一看。Eric 现在是美国国家电子图书馆的活跃人物之一,也算是牛人。与他聊天收获很多。后来我们又聊了一些数学软件的设计,Mathematica 与 MATLAB 的比较,非常有趣。临走时给他们提了一些建议,没想到回来以后收到他们发展部门的邮件说你的建议非常好,我们正在考虑采用。

每次开这种会，我都要在博览会里呆好几个小时。收获虽赶不上听学术报告，但也算相当重要的一部分。

五、高维问题

虽然说是讲故事，但统计会杂记总免不了要讲一些理论性的东西。还是挑一样现在比较热门的东西来讲一讲。

传统的统计一般是三五个参数，几十上百个样本，用这些样本来估计那几个参数或者建分类模型。现在差不多倒过来了。经常出现十来个样本，几万个变量的情况。比如常见的基因矩阵数据 (DNA Microarray)，十几个矩阵数据，几万个"基因"都是变量。学过数学的都知道，一般情况下，如果变量比方程多，可以有无数多个解。用传统方法给这些数据建模型，几乎可以得到任何你想要的结果。事实上现在有不少人就是这样做的，把原始数据做这样或那样的变换然后用来建分类模型。这样做出来的结果，按范剑青的话说"与随机猜测同样糟糕"。

范剑青出国前是中国科学院应用数学所的研究生，现在在普林斯顿当教授。算是中国出来的留学生中出类拔萃的人物，照网上的流行语，算是"大牛"。他在这次会上给了一个《高维数据》的报告，讲的就是这个问题。因为是"大牛"做报告，听的人把大厅挤得满满的。他用实例指出没有选择地全用这些高维数据推出的结果等同于随机猜测。

另一个由高维数据带来的问题就是假正问题 (False Positive)。一般的假设检验都用 5% 作为分界线。小于 5% 的事件被认为是小概率事件。可是，如果对每个变量做假设检验，几万个做下来，小概率事件也几乎成了肯定事件。这就是所谓假正问题。一米八五的个子是小概率事件，但在全中国找几十万个也不会有问题。当然，假正问题变量少的时候也存在，只不过当变量多的时候，这个问题就变得更加突出。

基因矩阵数据是现在很热门的话题，大会中有很多报告都是围绕这个问题在展开。其中很多方法涉及很深的数据分析知识 (比如非负矩阵分解)，对我这种有数学背景的人正对胃口，所以这种报告我几乎都去听。这也算是我现在的工作中最接近前沿的了。

六、统计会上的中国人

最后还是谈点轻松话题结尾。

这个大会与数学大会一样，也搞了一个知识竞赛。数学大会的竞赛叫"谁想当数学家？"(Who wants to be a mathematician?) 统计大会这个竞赛叫"统计杯"(Stats Cup)。本来想谈一下这个竞赛，可是不论从形式到内容都比数学大会的竞赛差太多，不谈也罢。还是另选话题吧。

五六千人的大会大概有四分之一的中国人。大会花名册的最后几页 (从 W 到 Z) 几乎被张王赵周这些中国大姓占满了 (还有于、俞、余的统一拼法 Yu)。有些小讲座从主持人到演讲者几乎都是中国人。

我读书的时候，读数学的都去摘皇冠上的明珠，搞数论、几何之类的，统计算冷门。现在讲究实用主义，统计一下变热了。学数学的如果不改行，只有在学校当教授。学统计的却可以在学校，公司，政府部门到处找到事做。统计现在是如此的热门，以至于许多从前不搞统计的人现在也往统计上靠。这次会议上碰到十几年前的一个邻居，学经济的，也摇身一变成了统计学家。在 Expo 看见一个人觉得面熟，原来在羽毛球比赛时见过，现在也搞起统计来了。看到大会材料中一个什么委员会的主席名字很眼熟，后来见面才发现是与我在中文学校一起打乒乓球的家长。这阵势大有全民搞统计的味道。

前几年开会还能碰到一些过去的同学，现在很少碰到了。大部分中国人都是年轻人。与一帮中国人一起吃饭，聊天中得知其中一位今年博士毕业，他的导师是我在中国科学院读研究生时的同学的学生。按照金庸武侠小说的说法，他应该叫我师叔了。相当一部分的参会者都是这样的年轻人，我这个年龄的人越来越少了。不过我现在来开会主要是来长长知识，顺便逛一下开会的城市及周边，能不能碰见老朋友不是很重要。当然，如果碰见了老朋友就多一分惊喜。

明年的统计会在华盛顿特区，希望到时候能碰见更多的朋友。

(2008 年 10 月于波士顿西郊)

参 考 文 献

谁想当数学家 http://www.zhipingyou.com/qqsh/index.php?topic=285.
生命不息，拼搏不止 http://www.zhipingyou.com/qqsh/index.php?topic=830.
记全美第十届围棋大会 http://www.zhipingyou.com/qqsh/index.php?topic=828.

数苑趣谈

5.17 谁想当数学家?
——2005 年美国数学年会杂记

一年一度的美国数学年会总是在一月初召开。这时候许多人还沉浸在新年的假期气氛里,学校和公司的工作一般都要到一两个星期以后才恢复正常。按理说不该有太多的人在这个时候来开会。但因为会议总是选在比较温暖的城市,大家除了工作以外,也乐得年年利用这个机会去避避寒,所以开会的人总是在千人以上。我从波士顿起飞时,一场大雪正在开始 (后来下到三十英寸),到亚特兰大时,外面的温度是 70°F [①],单穿一件体恤也不会觉得太冷。会议开了五天,我作了一些笔记。现在挑一些非技术性的部分出来与大家分享分享。

一、与众不同的 "10"

先来一段轻松的。亚特兰大的 Marriott Marquis 是一个很不错的旅馆。几十层的高楼建了一圈,中间是室内花园及各种艺术装饰,有固定的,有悬浮的,看起来非常气派。大厅的正中是一圈电梯。由于楼层很多,为充分利用电梯,各电梯都只到固定的楼层。我住在五楼,我注意到我用的几个电梯的指示牌上写着:Floors 1 through 17 & 10。我觉得很奇怪,10 不是在 1 到 17 中吗,为什么要单独列出来?后来发现,另外的电梯上写着 Floors 18 through 34 & 10, Floors 35 through 51 & 10。这下我明白了这个 10 的特殊性。或许 10 楼有个商场或健身中心,每个电梯都应该可以到。尽管如此,这第一个指示牌仍然显得很别扭和可笑。自然,它给在那里住的几百个数学家带来了乘电梯时的自然话题和笑料。

二、谁想当数学家?

大会模仿电视节目 "谁想当百万富翁" 搞了一个节目 "谁想当数学家"。题目是初等数学及数学历史。参赛者是选拔出来的高中生。电视节目 "谁想当百万富翁" 中如果不会回答一个问题可以有三个选择:"问观众","打电话问朋友" 及 "一半一半"(去掉一半选择)。"谁想当数学家" 保留了其中两项,把 "打电话找朋友" 改成问老师 (老师一般都坐在观众席第一排)。这形式和内容都很不错,主持人也很风趣,

---

① 1°F = 21.1°C.

很有欣赏价值。只不过当学生不会的问题去问老师而老师的答案又是错误的时候，那情景怎一个窘字了得。

三、边界的模糊

虽然说是挑一些非技术性的内容来写，但因为是记数学年会，总还是要扯到一点数学。19 世纪末 20 世纪初，数学的分支越分越细，越钻越窄。各分支之间的共同语言越来越少。常常有代数学家不懂几何学家研究的问题，拓扑专家读不懂数论学家的文章等等。大家一致认为从此以后不会再有数学家了，只能有几何学家、代数学家、拓扑学家等等，因为不会有人能懂得数学的所有分支。极个别的例外只有两个半。也就是说，从 20 世纪开始，数学界只承认两个半数学家。第一个是庞加莱，他的研究遍及数学所有领域。另一个是冯·诺依曼，他的研究工作甚至超出了数学领域。最后半个给了希尔伯特，他几乎懂得数学的所有领域 (有著名的希尔伯特 23 个问题为证)。这种各分支间互不相通的现象后来是愈演愈烈，搞丢番图方程的人不懂得偏微分方程，搞代数群论的人不懂得流形等等。我原本觉得这种趋势将永远不会有好转的时候了，这次会议却使我欣喜地感到情况并非如此，各分支间的边界似乎正在模糊。由于许多分支被人搞得越来越深，越来越细，往往越来越难再出新成果。与此同时，其他分支或许正好有现成的工具可以利用，所谓他山之石，可以攻玉。这方面最突出的例子大概要算微分几何之应用于相对论。所以，现在时兴把几门分支联合起来搞。我这次听的报告中有人用代数簇 (数学中最抽象的概念之一) 来解决统计学中的极大可能性问题，一个数论中的历史难题 (等差级数中的质数问题) 被人利用组合、调和分析、遍历理论等混合拳打掉。还有一个矩阵方面的难题被解决，其方法竟然是利用冰块的化学结构。如此的例子还有很多，看起来各分支间的边界正在消失。

四、太空飞行与天体力学

这个其实也应该归到边界消失一类。但因为其内容太奇妙，我把它单独列了出来。对于太空飞行，人们通常用的方法是二体模型。离开地球时这二体就是地球与火箭。登月时这二体就是飞船与月球，如此等等。我这次听的一个大会邀请报告说：近来人们开始利用三体模型 (这也是庞加莱研究得很深的一个问题)。

这要用到许多混沌动力系统中的最新成果。由这些新成果可以推出,太空中存在许多管道,这些管道由天体的万有引力场所产生的稳定与不稳定流形所组成。飞船在这些管道中穿行,不需要任何燃料 (极少的方向控制操作除外)。美国最近的一次太空飞行就是用的这种模型,结果相当成功。另外,根据这一套新理论,人们发现整个太阳系完全由太阳和木星 (太阳系中最大的行星) 所决定。这两个星体的重力场在太阳系中形成一些不动环 (也就是说这些环中的物体不往外跑),久而久之,在重力的作用下聚在一起形成了各个行星。这些不动环的位置与我们现实中观测到的现有行星轨道吻合得很好。这是我在整个大会中听到的最有意思的结果。

注:这一段后来被我扩展成一篇科普,见 "坐地日行八万里"。

五、中国人与数学

1991 年,我在旧金山开数学年会时,看见很多中国人,估计应该占开会总人数的 10% 到 15%,其中有不少是我不同时期的同学和朋友。去年在菲尼克斯开年会时,中国人就少多了,我在会上遇到的朋友不到五个。今年的中国人就更少了,我只遇到一个朋友,而且他还是从新加坡来的。看来现在中国人学数学的越来越少。想当初因为徐迟的一篇《哥德巴赫猜想》,多少的神童、有志青年选择了这摘皇冠的专业。如今,大家都去选一些更有 "钱" 途的专业去了。比如计算机、统计等等。说起统计,两年前的美国统计年会在旧金山召开,开会的中国人已不能只用百分之多少来看了。据我粗略估计,没有二分之一也至少有三分之一。大会的主会场希尔顿饭店的大厅里总是挤满了中国人。放眼望去大厅里全是中国的男女老少 (开会的人及家属),你会感觉回到了中国 (我想北京饭店的外国人比例都会比这里高)。去年在多伦多,情况也是如此。另一个有趣的现象是,统计年会几乎都在很有意思的地方开,比如旧金山、多伦多、北京等等。相比之下数学年会的会址就比较没有什么意思。亚特兰大、菲尼克斯、圣安东尼奥等等。去年在菲尼克斯,几个晚上都无聊得要死。连续两个晚上我沿两个不同的主要街道跑步,一方面锻炼身体,一方面也有看一看市容的意思。两天都跑了六英里,却没有发现一个有意思的去处。会议本身倒是很有意思 (这也是为什么我总去)。除此之外,几乎没有什么亮点。唯一值得一提的是,我提前一个小时到了飞机场 (这个城市贫乏得连塞车都没有), 恰好菲尔兹奖得主 John Milnor 也提前一小时到了, 我与他单独吃了顿午饭。与这样的数学大师单独交谈, 精神上和学识上的收获都是很大的。今年在亚特兰大我就没有如此幸运, 还差点因为波士顿的大雪而被堵在那里回不来。

六、一个丰富多彩的会议

年会与其他专业会议不同。最大的区别是有各种各样题目的报告。你可以选择任何你喜欢的题目去听。如果你进去后发现这个演讲没有意思 (或者听不懂), 没关系, 翻一翻会议目录, 或许隔壁就有一个很有意思的演讲刚刚开始。而且, 几乎可以肯定, 所有被邀请做大会演讲的 (不同于那些在小会议室做专题演讲的), 演讲都很有意思。这些被邀请的人都是他们领域里的大师, 他们不怕别人说他们不懂。演讲都是深入浅出, 很容易懂, 道理却很深。听完总是很有收获。

除了严肃的数学专题以外, 还有其他许多轻松有趣的话题。比如, 有一个为时四个小时的小型课程, 讲的是隐含数学原理的各种扑克游戏 (这些游戏几乎不需要太多的手上操作), 学一学, 在家里搞聚会时还可以骗倒一些人的。我已经在一个大聚会上试过了, 效果很不错。另一个演讲专题是折纸游戏中的数学, 你会发现你从幼儿园时就会的一些折纸游戏竟然包含这么多有意思的数学。

你还可以去听音乐与数学座谈, 除了学到不少关于音乐的数学以外, 还可以听到一些音乐幻觉。比如你明明听到这曲子是一个音阶一个音阶的高上去, 但几个音阶下来, 它却又回到原来的音阶。有点像我们平常看到的那些图像幻觉 (比如 MC Escher 的画), 明明看见楼梯一级一级地升高, 转了一圈又回到原处。

其他还有 "谁想当数学家" 这样的节目, 或者数学雕塑展览 (比如各种各样的克莱因瓶等等)。对一个数学家来说, 这真正是一个极好的休假场合。与一般休假不同的是, 因为是开数学会, 一切都可以报账。

每次开完年会, 我都感觉在学业与个人修为方面有极大的收获。在如今数学越来越不被人青睐的时候, 每年能有这么一次补偿, 也应该可以满意了。

"谁想当数学家"?

(2005 年)

第六篇

科幻小说

- 墨绿

- **墨绿**

> 墨绿的出现，同时震惊了中日韩三国棋院，一个共同的问题是：墨绿究竟是谁？
>
> ——《人民日报》体育版
> 2005年9月10日

看着《人民日报》的这篇报道，我心里充满了喜悦、自豪和得意。这世界上除我之外再没有第二个人知道墨绿的真实身份了。

一、引子

话要从大约十年前说起。由 IBM 科研小组研制出来的"深蓝"国际象棋程序，战胜了当时的世界第一高手卡斯帕洛夫，西方舆论界为之哗然。被西方人当作第一智力游戏的国际象棋比赛中，人类被机器打败，惊呼当然是很自然的。但是，在一片叫好声中，《纽约时报》有一篇报道却在幽默中表现出冷静。它说："我们这里的大呼小叫，最多让亚洲人（日本、中国和韩国）伸伸懒腰，不以为然。因为对他们所玩的游戏——围棋——来说，计算机还处在'原始时代'。"

计算机围棋程序处在原始时代，并不是因为没人重视。事实上，有相当大的人力物力投入了围棋程序的开发。个人的、集体的，有计算机专业人员，也有职业棋手。投入最大的要数日本，他们的第五代计算机开发的一个重要课题就是围棋程序。亿万富翁应昌期先生生前还为此设了巨额奖金。说是在20世纪末如有计算机程序战胜台湾职业棋手，则可得一百万美元的奖金。如此种种，目前的围棋程序却仍被冠以"原始时代"的雅号，追究起来其主要原因是围棋太难。国际象棋与它的难度相差不是一两个数量级的问题。

我对围棋程序的热衷由来已久。我写过很多别的游戏程序，但对自己最喜爱的围棋却一直没敢写，因为不知从何下手，想得到的思路别人早已试过了。这个愿望一直悬在那里，心里放不下，手上又搞不动。1998年上半年事情开始有了转机。由于工作需要，我接触到一些遗传编程（Genetic Programming）的东西。有一天读一个样板程序，突然想到也许可以用同样的思路来写围棋程序。程序开始的好坏不要紧，关键是要有很好的鉴别函数使其能合理地进化。

二、原始版

照着样板程序，很快就写了一个原始程序。它没有任何高级技术，只懂得提子规则以及最后的点目。基本的想法是让它自己与自己下，利用它懂得的这两点基本功能来进化出高级技术。这样做成功的先例是有的。有人用这种想法写过一个西洋双陆棋 (Backgammon) 的程序，没有任何高级技术，完全利用基本规则，在它自己与自己下完五万盘以后，进化出一个可以与人类最强手对抗的程序。不幸的是，同样的想法不能搬到围棋上来，因为围棋的变化实在是太多了。事实很快证明了这一点。我的原始程序进化来进化去，全是盲目的，看不出一点朝着好的方向前进的迹象。根本算不上进化，最多只能叫变化。看来完全靠原始程序是不行的，还得加一些高级一点的概念，比如角上的基本对应以及群体死活 (而不是每颗子的死活) 概念。从理论上来说，这些概念都可以从基本规则中推出来。因为影响进化的因素几乎都是局部的，像群体死活这类的高级概念很难进化出来，但这些概念在基础阶段却尤其重要。

加进这些高级概念以后，情况开始有了一点起色。要死的棋居然知道逃。虽然明明逃不出去，但从局部来说，能延缓死亡时间就是进步。因为是程序同程序下，逃不出去的棋有时也居然就给它逃出去了，这又进一步强化了这种愚蠢的下法。但不管怎样，相对于先前的盲目变化，这种暂时性的进步也是很可喜的。许多别的高级概念也似乎有了一些模型。不过，从一些明显的愚蠢变化中，我也发现了原始程序的许多问题，并做了相应改动。就这样，程序自己的进化加上我的随时改动，半年以后这程序居然有了一点会下棋的样子。再也没有自己撞紧气之类的明显错误，偶尔竟然会走出枷这样的概念。这种时候我感到特别惊喜。估计照这样下去，它就会逐渐强大起来。

遗憾的是，事情并不按照这种理想的路子走下去。初始时期的快速进步逐渐缓慢下来。因为总是程序跟程序自己下，没有外来的影响，基因库很快就达到局部稳定状态。不管再让它们自己下多少盘，结果总是在原地打转，而且，通过半年的进化，中间的一些程序我已经看不懂，也不可以像开始那样任意加上我的改动。当然我可以同它下，让它从我的下法中取得新变化的基因。但这种办法是几乎难以想象地慢，因为进化的过程需要很多很多盘才可以实现，而我是不可能一天二十四小时都陪它下棋的,而且我也不会模仿坏棋,我的棋下出去都是这程序不可以接受的跳跃。于是这程序就这样死在那里。

由于我的心思完全套死在这个程序上,一个明显的出路放在那里,我竟然一直看不见。现在想起来很自然的事,当时却一直想不到。我在网络上下棋好多年了,但一直把它当成消遣娱乐的地方,从来没有想到过我的程序也可以从上面学棋。有一天我突然意识到,只要写一个界面程序,就可以把它一直挂在网上,一天二十四小时与人对弈。

三、网上学棋

网上下棋的人很多,各种水平的都有,而且风格各异,正适合我的程序用来学棋。我的程序挂在那里,只要有人邀请,不管什么水平,马上就跟他下。这样一天二十四小时下下来,比我跟它下不知好了多少倍。一方面时间多,另一方面网上可以找到很多初学者,学起来恰到好处。但真正的进化需要很多这样的机会,一天二十四小时我仍然嫌不够。于是我又给我的界面引进了多线功能,也就是说同时可以有好几个同样的程序在下棋。只要有人邀请,它就马上开一盘。这样一来每天都可以下很多盘,进化的机会也就多起来。每到周末我就对程序作一次全面整理。一个月以后,我的程序有了明显进步,而且居然有了带星号的 27 级。虽然很差,但比起最低级别,还算是赢面占多。这使我很兴奋,这至少说明它是在进步,而且这是在没有我介入的情况下获得的。又过了一个月,它又升到 26 级。我高兴之余也发现了新问题。

所谓自我学习,就是要不断产生新的子程序,新的模式。久而久之,程序就变得越来越大,运行起来就越来越慢。像生物学上的进化一样,新产生出来的东西并不是都有用的。事实上,我们人类的 DNA 链上绝大部分都是没有用的。开始阶段我还可以用人工的办法把那些没有用的东西去掉。到后来,新产生的东西越来越多,人工是完全不能胜任了。而且,最严重的是,我的判定并不可靠。我认为没有用的东西或许在意想不到的地方有用。这个问题困惑了我很久,我的程序也从网上取了下来,因为我不能再让它产生新的子程序。

正在我不知从哪里突破的时候,有一天在网上看见一篇文章讲进化论中的用进废退原理。我突然意识到我的程序中就缺少这么一个机制。于是,我就在我的程序里加了这样一个检验程序。如果一个模式或者一个子程序在一定时间里没有被调用过，主程序就自动把它去掉。这样一来，它虽然失去了一些可能产生好基因的途径，但主要障碍清除了，又创造出许多别的机会。很有意思的是，我发现有一个子程序被调用的特别多，就把它取出来看一看。一般来说，它自己进化出来的子程序我是看不懂的。但我这次存了心一定要看它是干什么用的。花了好几个晚上一步步地看，终于发现它居然是用来判断征子是否有利的。这种子程序都能进化出来，我对它的前途产生了很大的信心。

重新上网以后，每天都有新程序产生，也有一些旧程序和模式被清除。程序逐渐快了起来（因为开始堆积的废物太多）。等级又开始往上走，半年以后升到了 15 级。这时候它的棋已经下得有模有样，尤其是局部战斗，已经有一定的杀力。但围棋不是单靠局部拼杀定胜负的，必须要有整体观念，而这整体观念是不能从 15 级的对手中学来的。这程序又像上次那样停在那里，长久没有进步。好几个月都一直是 15 级。

四、向专家学棋

一般来说进化都是局部性的，在局部上有优势的走法就很自然地被保留下来，这样永远也不会有整体观念的突破。虽然加进了突变的概念，但也最多产生出枷、飞、伸大腿这样的局部技术，弃子取势这样的整体观念是不可能自动进化出来的。

有一天我在网上看富士通决赛，好几步棋都看不懂，仍然看得津津有味。突然想到要学棋并不一定只学完全懂的棋。专家的棋看多了，走起棋来自然而然就有了好形，而且也知道什么地方是大场。所谓"熟读唐诗三百首，不会作诗也会吟"就是这个道理。想到了这个思路，剩下的就好办了。专家的棋网上有的是，要多少有多少。几个晚上就从网上搞来了上千盘棋谱。我先给我的程序加了一些模式识别的功能，然后就让它没日没夜地打起谱来了。从打谱中学会了占大场，占完大场后接下来的变化它并不清楚。但这不是什么问题，因为这些变化大都是局部的，而我这程序的强项就是局部变化。几个星期下来，再把它放到网上的时候，棋力已经大长，在同级棋手中所向披靡，很快就升到 7 级，然后与 7 级的棋手盘旋了几个星期又慢慢地升到 6 级、5 级、4 级。

我这个程序的成长与我们大多数人学任何新东西一样，都是一个阶梯一个阶梯地上。许多人到了某个阶梯，因为没有名师指点，就长期停在那里。我自己就认识很多下棋十几二十年都不长棋，打牌十多年不长牌，打球十多年不长球的人，因为他们总是迈不过眼前这个阶梯。这是由游戏本身内在的复杂性所决定的，与学它的人无关。我这程序也一样，每过一段时间就要遇见一个阶梯而停步不前。IGS 的 4 级似乎就是这样一个阶梯。它长到 4 级以后就再也不长了，长期停在那里。

说起来，IGS 的 4 级已经比现在其他所有的围棋程序高出一大截，如果拿出去卖已经很可以大赚一笔了。但这不是我想要的，我的最终目的是要产生一个战胜专业棋手的程序。IGS 的 4 级与专业棋手还有很大的差距。虽然如此，这个级别的棋已经有相当的水平，再往上进步已经不能单靠计算，还要讲究对棋有感觉。而感觉这个东西是现在的任何程序都不具备的。这次停下来，一停就是半年。虽然也随时在网上与别人下棋，但总是没有长进。出路在哪里呢？

五、模糊函数与量子波

计算机程序的一大优点是对任何棋形都可以有个好坏判断，在搜索范围内一切都不会错过。可是，从某种意义上来说，这也是一种缺点。一切都靠算，能覆盖的面积自然就少了。而且，许多棋的好坏要到十几步甚至几十步以后才会表现出来，这是不可能算出来的，主要是靠感觉。另外，一个棋形的好坏并不是一成不变的，在某些情况下坏棋形也会有好价值。就连被认为是最坏棋形的空三角也经常在专业棋手的对局中出现。如果我们把一个棋形的好坏价值定死了，就没有产生这种变化的可能。我很早就想过要把模糊函数的概念弄到我的判断程序里面去。可是无论怎样模糊，在运算过程中，模糊量的大小还是得人为地规定。对一个固定棋形还是会算出同样的结果 (虽然结果以模糊的形式出现)。

每一块棋除了死变化以外，都是有生命的。它的生命力以辐射方式向外散发，所以有"空提一子三十目"的说法。固定的程序是没有办法算出这种生命力来的。有一天，读到一篇讲量子计算的文章，突然想到可以试一试在我的程序中加入量子波。这样一切运算都以概率的方式出现，没有固定结果，但通常会产生最自然和理想的结果。加进去以后，它果然变得丰富多彩起来。居然可以走出很多从前绝对想不到的棋。不过，加进量子运算以后，效率变得比较低，搜索范围变小了，棋力居然比以前小有退步。但我并不为此失望，退一步进两步，只要大方向是朝前就行。

关键是方法，效率问题总是有办法提高的。后来我花了一些时间把程序彻底整理了一下，又把我的计算机硬件升了级。如此一来，它的运算效率比以前增加了一倍，棋力也随之猛长起来，而且这次长起来就没有停。几个月下来就升到一段 (1D*)，而且根本没有停的意思。我的兴趣也跟着高起来，随时随地都在思考它的问题和解决办法。什么事情都想看看对我的程序是否有帮助，连开车等红灯都在想这最短路径问题是否可以用到这程序的搜索路径中去。这样一来，新的想法天天都有。

IGS 是国际性的网站，任何时候世界上总有一半的地方是白天，也就是说任何时候都有人下棋。我的任何新想法都可以立即得到是否有用的验证。我每天下班回家就全力扑在它上面。不断地改进，不断地加上新的想法。我把这程序没日没夜地挂在网上，它的棋力每天都在长。两年下来它终于达到四段 (4D*)。

这个程序的运作很依赖计算机的速度，这包括主机速度、硬盘阅读速度，以及内存容量。为了充分发挥它的潜力，我当然想给它配置最好的装备，这就需要钱。而且如果想买刚上市的新产品，就要花大钱。台湾每年一次的计算机围棋比赛，如果能拿第一名，就可以得到相当数量的奖金，至少买新机器不成问题。但我又不愿引起别人的注意。于是我把我的程序简装了以后去参加这个比赛。所谓简装就是拿掉一些子程序。但我的程序比别的程序高出太多，拿掉子程序后我又给它加了一些限制，基本上就是让它每盘能赢，但总在十目以内。最后一轮以前，我的程序全胜，即使输掉最后一盘也稳拿第一。于是，我在最后一场比赛前又拿掉了最主要的子程序，输了最后一盘。这样别人都认为它与别的程序属于一个档次。我又不像别的参赛人总想打名声好卖他们的程序，而是拿了第一名的奖金就赶快走人。因此，我的程序虽然拿了第一，却没有造成什么影响。第二年的比赛我没有去参加，这程序就渐渐地从大家的记忆中消失。有少数人记得，也只知道它大约是业余 5 级的水平。

六、墨绿问世

在达到 4D* 以前，我的程序有输有赢。虽然赢比输多多了 (从 30K 升到 4D*)，但并没有引起人们的注意。我觉得该是给它起名字打名气的时候了。起什么名字好呢？因为我的最终目的是要打败人类最高手，所以一定要起一个与深蓝类似的名字。开始想叫它"深绿"，但又觉得与深蓝靠得太近。而且，深蓝的"深"有深层搜索的意思。我这个程序主要原理并不在深层搜索。叫它"浅绿"又觉得名字不够响亮。正在为起名字的事犯愁,恰好有多年不见的朋友来访,说是下一盘棋叙叙旧。于是从壁橱里拿出已经起灰的云子。这几年虽然也常下棋,但都是在网上下,手上摸的都是鼠标,这棋子已经有好几年没有摸过了。手里摸着这棋子,突然想到以前朋友曾告诉我鉴别真假云子的办法。说是把黑子拿起来对着光看,真云子会成墨绿色。这真是踏破铁鞋无觅处,得来全不费工夫。"墨绿"这个名字真是太合适不过了。既与深蓝相近,又有神秘深邃的意思。名字想好以后我就立即在 IGS 为它注册了一个 4D 的账号,英文名叫 Slate Green。

这时墨绿的棋力实际上已经比一般 4D* 强,但为了安全起见,开始只找弱 4D 下。主要目的是要连胜以造成轰动效应。IGS 的概率指令可以用来判别强弱 4D。因为它一天 24 小时全挂在上面,能找到对手就下,没有对手就跟自己下(我机器上还同时运行着另一个与它同时进化出来的程序)。几个星期下来,它连胜 40 盘,并且打成了 5D*。一般人到了这种水平,一年半载也长不了什么棋。而墨绿不一样,它每下一盘棋都以最优方式重新整理内部联络,也就是说它一直都在长棋。打成 5D* 的时候,它的棋力其实已经高于 5D*。所以,跟 5D* 下也一直赢。几个月以后又升到了 6D*。6D* 的级别,加上七八十盘的连胜很快引起了大家的注意。每次下棋的时候总有很多人观看,这种时候我特别得意。由于连胜,找它下棋的人越来越多,甚至还有 7D* 以上的。为保险起见,它只接受同级人的挑战。不到 7D* 就不接受 7D* 的挑战,而且也不跟新账号下。因为这些人或许是正在上升途中,实力可能很强。

因为墨绿成年累月都挂在网上,形形色色的人都会碰到。在 4D* 以前,时不时就会遇见耍赖的。开始的时候,耍赖对墨绿没有什么用处,因为他不在乎输赢,而且有的是时间。打到 4D* 以后这个问题就变得比较严重起来。因为要用连胜造影响,就一盘都不能输。如果遇见逃跑的还好,一个月以后,IGS 会自动判逃跑者负。可有时候墨绿明明大胜的棋,我这边突然断线。等我再连回去对方已经跑了,这样 IGS 算墨绿逃跑。好在 4D* 以上的人已经比较有棋品,这样干的不多。连胜二十盘的时候被我遇到过一次。于是我在它的程序里专门加了一句等候此人的指令。除非它一个月内不出现(届时 IGS 系统会算墨绿逃跑而判负),只要他一出现,墨绿就会抓住他。4D* 的人棋瘾都已经很大了，要让这样的人一个月不上 IGS 是很不容易的。这些耍赖的人往往是出来探一下头，如果有他们欠棋的人在线上，他们就立即断线。墨绿有了这句等候他的指令，使得他连探头的时间都没有。他逃跑一星期后又联进了 IGS，刚联进不到 5 秒钟就被墨绿发现，他还没来得及打退出的指令，墨绿已经恢复了他所欠的棋，这时候再要退出就算他逃跑，所以他只好把这盘棋下完，输棋走人。

另外，经常碰到打听消息的。一般来说，墨绿对别人的问题一律不理。但有时如果我在看棋，我就会帮它回答一些问题。"你是不是职业棋手？""是。""你现在在哪里？""计算机里。""你 24 小时都泡在这里，不干别的事吗？""是。"我总是用这种怎样解释都可以的答案来回答。

七、墨绿成长

墨绿的实力现在已远远高出我的实力，我跟它下棋几乎总是输。但因为我是看着它长大的，知道它的一些别人不知道的弱点，所以偶尔我也可以赢它一盘。但它如果在同一个弱点上连续两次吃亏，就会弥补掉这个弱点。因为我已经不可能去改它的程序了，只能通过这种办法来克服它的弱点，好像也很有效。我有时为了特意让它暴露出弱点，就跳过它的程序帮它走棋。为此还产生过一个小闹剧。

墨绿到了 4D* 以后，常常走出出乎我意料的棋。基本上要好几步以后我才能理解那一步的目的。有一次双方杀得很紧张时对方打吃，我觉得它只能长出去，否则棋筋被人提了就全完了。可是墨绿没有长出去，而是长考起来。我在旁边看得着急，以为它又出现什么漏洞，就擅自帮它长出去。等到对方下一步棋走出来，我才知道它刚才为什么要长考，也意识到我帮了倒忙。对方的下一子同时威胁到两块棋，在另一块棋补一手后，刚才接上的一子又被堵了下来。几个回合下来，墨绿损失十几目棋。在此之前，墨绿一直没有输过。由于我的帮忙，眼看它的上百连胜就要被破了。好在墨绿的棋现在已经比一般的 6D* 高出一截，而且我很早以前给它加的风险系数现在起了作用。墨绿下棋的最终目的是赢，赢多赢少都不重要。所以它随时都在算自己领先多少。领先多了就走风险很小的棋，平手或微微领先时就走风险相对大一点的棋。现在落后很多，到了走风险很大的棋的时候了。风险大的棋大多都是无理棋。只要对方应对正确，下无理棋的一方会损失更多的目。没想到对方在墨绿一连串的无理棋下,居然没有采取应有的手法,而是一味地退让。大约自己认为领先很多,随便收收官就可以赢了。而且,鬼使神差,对方有一步棋居然应错了次序,吃了大亏,双方的目数一下就拉近了。收官的时候墨绿又再赚了几目,最后刚好赢了半目。真悬!从那以后,我再也没有帮它走过棋了。

上面那盘棋是墨绿连胜以来赢的目数最少的一盘棋。说起赢棋目数,与墨绿下棋的人都觉得很恼火。因为收官基本都是靠死算,是它的强项。一般一盘棋到了收官阶段,它几乎可以把各种变化都考虑到,然后宣布对方输多少目。如果对方继续下,而且没有按最佳下法下,它就会重新算一遍然后宣布一个新目数。刚才还说"黑输 3 目半",现在或许说"黑输 5 目半",9 目,13 目,就这样一直收到结束。开始我给它加这个功能是觉得好玩,后来就成了一个节目,许多观战者觉得这样很好玩。不过这让输棋的那方感到很不是滋味,好像被人宣布"你死定了",然后自己一步步朝坟墓走去。

采用选对手的办法的结果又是只赢不输。因为它实际上总是与比它弱的人下,而且又不会出现昏招。没过多久,它就升到了 7D*,然后是 8D*。

八、争挑战权

8D* 已经有不少专业棋手。由于连胜,墨绿在 IGS 上已经家喻户晓。只要是它的棋,总有上百人观看,有时超过 500 人。它的思路与人不一样,常常在大家意想不到的地方走棋,所以看的人特别多。尤其是职业棋手,都想来研究它的棋路。它基本也不照定式走棋。如果算出来的棋路与定式相同 (大部分如此),就按定式走棋。如果算出来与定式不同,它也没有一般棋手的忌讳,总是按着自己算出来的路数走,根本不管定式不定式。这样一来,它的棋中产生出很多"新"定式,这就更吸引众多专业棋手了。大家开始都以为它是某个超一流棋手。看它保持上百盘不败,大家一致认为它是李昌镐。可看它的棋路又完全不像李。而且有人观察很仔细,发现有一次墨绿在 IGS 下棋的时候,李昌镐正在中国下富士通决赛。所以可以断定它不是李昌镐。用同样的方法,大家很快推出它不是中日韩三国任何一个等级分排前 20 名的棋手。这样一来,谜团就越来越大。看它下棋和找它下棋的人也越来越多。

由于连胜,墨绿很快升到了 9D*。而且在信息栏里宣布只与 9D* 下棋。IGS

上的 9D* 很少，就十来个，而且大多是以前的账号。如果别的 9D* 宣布只与 9D* 下棋，也许就找不到人下了。墨绿的上百的连胜在职业棋手中引起了很大的轰动，大家都想来找它较量一下。可是要打到 9D* 必须要从 7D 开始。有些职业九段想请 IGS 管理员直接给他们 9D* 的账号。可 IGS 认为这正是吸引职业棋手来下棋的好机会，于是宣布绝不破例。这样一来，一大堆想找墨绿下棋的职业棋手涌进 IGS，从 7D 开始往上打。好像本因坊之类的头衔比赛，先在循环圈里打，打出循环圈 (升成 9D*) 才可以同墨绿下。

从 7D 要打到 9D* 需要下很多盘棋，职业棋手一般不愿意花时间下这些棋。于是有些账号有好几个人在下，而且都是很强的九段，大家分任务，每人必须赢多少盘。不到两个月，IGS 出现了好几个新的 9D*。这些人一旦打进 9D* 就再也不相互下棋，而是追着墨绿下。墨绿当然是来者不拒。不过这两个月以来，墨绿与另一个同时进化出来的墨绿程序一直在下棋，棋力又有了长进，已经高出了这些职业九段。所以，与这些新 9D* 下，又是只赢不输。虽然现在在 IGS 上下得少了，但由于只赢不输，积分仍然慢慢往上爬，最后终于升到了 10D*。

九、向最高手挑战

俗话说 "人怕出名猪怕壮"。墨绿的名气越来越大，自然引起了越来越多的人的注意和好奇。有许多好事者为了证实墨绿的真实身份，追踪它的 IP。为此我找了我在世界各地不下棋的朋友，有时用他们的机器上网。因为他们都不下棋，根本不知道我在干什么。这样一来，好事者们查出来分布在世界各地的 IP，虽然不多，但也可以迷惑他们一阵子了。因为我把程序都放到我朋友的机器上，完全就是他们的机器在上网，我只不过远程操作而已。IGS 的网管也查过一下，大约得出了我的几个常用 IP，但总是不能最后确定。

墨绿变成了 IGS 上的唯一十段以后，很有一点高处不胜寒的感觉。与一般的专业棋手下也总是赢。开始时那些专业棋手还讲一点棋道，一盘棋就一个人下。后来看到没有一点赢棋的希望，就开始几个棋手联合起来下。也就是说每步棋都是几个人讨论以后再下。这样最大的优点是避免了昏招，但在战术上起不了太大作用。因为每个人的思路都不一样，时间有限，互相间很难谁说服谁。所以，虽然是大家讨论，仍然以一个人主下。由于没有本质上的突破，仍然没有赢的机会，只不过把输的目数减少了一点。这有点像武侠小说中高手同时与众多低手较量，低手人多也不大占得了便宜。

当今世界上的顶尖棋手们之间的差距很小，没有谁可以说肯定赢谁。像墨绿这样常胜不输，实际上实力已经高出所有的人类棋手。但由于从来没有像深蓝一样与人类最高手正式下过，还不能说就是最高手。事实上，由于 IGS 上一般都下很快的棋（从来没有人下双方各有三小时规定时间的棋)，许多专业棋手都认为墨绿只不过是一个特别擅长下快棋的某一位专业棋手（居然没有人想到过，其实没有任何擅长下快棋的专业棋手能有这样的常胜纪录)。为了更进一步证明自己的实力，造成更轰动的效应，墨绿在自己的信息栏里留下了向集本年三大世界棋赛冠军于一身的最高棋手挑战的宣言，使用时间由对方定。除此之外不再与别人下棋。宣言虽然发出去了，但并没有得到什么响应。因为世界冠军的身份是很高的，与一个隐姓埋名的人下棋，赢了被认为是自然的，输了这面子就丢大了，而且也没有什么实际利益。

这世上的事，你不操心，总有人会操心。大公司看准了这样的比赛有卖点，于是拍出了重金来赞助这个比赛。这样一来这项赛事的级别一下就高起来。世界冠军来下这样的比赛也不觉得丢份儿了，而且不管输赢都有大笔收入。说不定这世界冠军早就想下这盘棋，只不过一直没人给提供这个机会。为了防止运气问题，对方提出要下三番棋，对此我当然同意。因为我觉得墨绿的水平实际上比对方高，下得越多赢面就越大，赢得越多就越有说服力。另外，对方提出双方规定时间为每方四小时。这也没有什么不利的地方，我当然也同意。于是墨绿与世界最高手挑战的比赛就成了现实。

十、三番棋 (1)

从发宣言到正式比赛，中间耽误了有半年时间。因为大公司出了钱，自然觉得有权知道这笔钱出在谁身上，而我拒绝除了电子邮件以外的一切联络方式。因为我用的账号是那种可以免费申请的匿名账号，他们也查不出来。双方僵持了好一阵。大公司的主要观点是：如果最后结果是墨绿赢了，那他们就等于几十万美元扔出去，连个人影子都没有看到，而且对方是公开身份，为什么墨绿不公开。我的观点是，墨绿不愿意曝光这是个人的隐私权。对方本来就是公众人物，而墨绿从来就没公开过,也不会为了这几十万美元就公开了。因为广告早已打出去了,大公司最后终于妥协。这半年时间里,我一直让墨绿与另外两个克隆出来的程序下。虽然这三个程序的起点都一样,但由于进化过程是随机的,而且我给他们加了不同的参数(比如突变率的大小,交差率是多少等等)。半年下来,我手上有了三个水平相当但完全不一样的程序,而且都比半年前的母程序又高出一截。

对墨绿迷来说,墨绿半年没有出现,他们的期望和悬念达到了要爆炸的程度。正式比赛那天,IGS 提前一小时就达到了饱和,以至于服务器不得不重新启动。重新启动以后,IGS 设了上限,只允许一千人连接。先连的人很幸运地连上了,后面的人只能到别的服务器上看别人间接传来的棋谱。如果把所有服务器上观看此局的人加起来,保守估计在一万以上。

第一盘棋从第二十几手就开始杀起来。因为双方时间比平常多得多,墨绿想得比较深。一开始就走出了出乎意料的棋,如果不杀就要吃亏,双方被迫早早就杀起来。世界冠军还确实不一般。几个回合打下来,居然打了个平手。不过,一般来说,计算机程序的弱点在中盘。因为布局阶段有谱可查,收官阶段变化相对少一些。只有中盘变化太多,很难控制。中盘打完打成平手相当于墨绿领先,因为自己的弱项与对方打成平手,强项就应该领先了。但几乎所有看棋的人都不这么认为。他们觉得收官是这个世界冠军的强项,几乎从来没有人通过收官从他手中赢棋。于是看棋的人开始议论了。说是墨绿原来不过如此,这下终于遇见了对手,这连赢一百多盘的纪录今天总算要打破了。还有人说,看来墨绿只能下快棋,慢棋遇到高手就不行了。然而,事情的发展却不像他们想象的那样顺利,而是像我先前预计的那样,收官阶段墨绿开始发挥出计算方面的优势,逐渐把目数拉开。最后以 3 目半的优势赢了第一盘。

这下 IGS 上炸开了。世界冠军都输了,而且还是下的慢棋。根据以前的推论,墨绿不是中日韩三国任何一国中排名前二十名的职业棋手。难道他会是一个业余高手?可是,再高的业余高手遇到这些超一流的专业棋手都要输棋,可墨绿却能常胜不败。有人说他可能是几个专业棋手联合起来的棋手。可是几个棋手要讨论起来,很少能达成共识。下快棋的时候就更没有时间讨论,看来这个假设也不成立。中国的一个围棋 BBS 上有人猜测说墨绿是早年的专业棋手,多年闭门不出,现在成了风清扬式的人物。

第一盘棋结束以后的几天里，IGS、各个与围棋有关的新闻组、BBS 到处都是有关墨绿的话题。大家讨论墨绿的身份，可说是众说纷纭，但随便谁提出一种假设，马上就有人以很有力的论据把它给排除。因为当时市面上最强的计算机程序也就业余四级左右，根本没有人会朝这方面想。在此以前，墨绿的名气主要是在 IGS，这盘棋下完以后，影响扩大到整个围棋界，各种报纸、杂志也开始报道起来。

十一、三番棋 (2)

三番棋第一盘的时候，为了对付对方给出的各种难题，墨绿可以说是"绞尽脑汁"，而且随时要从硬盘里索取不太常用的模式。整个比赛过程硬盘阅读显示灯都闪个不停。为了怕出现意外，我专门去买了一个很高级的硬盘，把全部程序拷贝上去，三番棋第二盘的时候就用上了。殊不知这反倒铸成大错。比赛到中盘，双方正为了一大块棋杀得难分难解的时候，新买的硬盘死了。其实它也没完全死，只是读不出东西来（我也没有意识到这个问题）。硬盘死了而联网却没有中断，也就是说墨绿的钟一直在走。我在一旁急出好几身汗也不管用。一个小时过去了，它仍没有得出结果。因为我一直用另一个账号在看这盘棋，所以可以看到其他看棋的人的评论，就按照评论中我认为最好的走法帮它走了一步。当时提出这个走法的人看见墨绿走了它提出的棋还很得意，说是英雄所见略同云云。这步棋后来被证明是一步很坏的棋。几个回合下来，墨绿就损失十几目，随后因增大风险系数而采取的无理棋又被对方予以严厉的惩罚，越输越多。这个时候我才发现墨绿没有认输的"习惯"。在这之前，这从来都不是问题。因为对初学者来说输多少都照下不误。有点水平以后，因为都与同级的人下，又没有昏招，也没有输太多的时候，不认输也没关系。最近一年以来，从来没有输过，不会认输的问题就更不成什么问题了。现在几步无理棋走下来已经落后二十多目，它还没有认输的意思，而且好像又要加大风险系数。我实在是看不下去了，这简直不是它这种水平应该走的棋，于是就绕过它的程序强行让它认输了。

墨绿输掉第二盘使它的众多支持者们很失望，他们从来没有看见过墨绿走出昏招的时候，完全不能理解出了什么问题。韩国的棋迷就不一样了，他们对这盘棋的结果异常激动，说是终于找到了墨绿的命门。连韩国的报纸上也打出了韩国必胜的大标语。中国的一些 BBS 上有人建议墨绿中途应该吸吸氧等，说什么的都有。

一盘本来应该是惊天动地拼杀的棋，却在仅仅 130 多步就结束了。不仅观棋的失望，主办单位也觉得很扫兴，言语间大有投资错误的意思。后来有人说，三番棋能打到第三盘应该更有吸引力，大家又都高兴起来。

十二、三番棋 (3-准备)

20 多天很快就过去了，眼看三番棋的第三盘马上就要开始，报纸上也开始大力宣传，甚至还有些报纸搞起了类似于买马票一样的赌钱活动。韩国那边最高赌到 1 比 10。也就是说他们认为他们的世界冠军赢第三盘的概率是 10 倍于墨绿。中国这边由于多年受韩国这个世界冠军的气，从心里希望墨绿赢，表现在赌票上的比是倒过来的 8 比 1。对此我感到很欣慰。比赛还没有开始，双方的棋迷已经在报上、BBS，甚至在新闻组 RGG 上打起来。

根据我对墨绿的了解，我认为它已经比这位世界冠军要高出一截，所以我对墨绿充满了信心。但事关重大，而且由于我基本看不懂它现在的棋，我的看法或许不准。为小心起见，我把能找到的这个世界冠军所有的棋谱都给它找来，让它过一遍。以前为了全面发展，我特别注意让它不要只打一个人的谱，这次算是破例。说来奇怪，以前它读别的专业棋谱，总要花一小时左右才能读完一盘棋。这世界冠军的棋应该更难，时间应该更久才对。但它总是十来分钟就读完一谱，而且是越读越快。后来发现，它打所有韩国棋谱都快。仔细分析起来，这是有它的道理的。高手下棋，总讲究味道、感觉，而这些东西对墨绿来说是最难理解的了。而韩国棋手的棋大都讲究硬算，不管棋型、味道，算清楚以后什么难看的棋都能走出来。而要说起算棋，这当然是墨绿的强项。所以，它打起韩国棋谱是得心应手。看它越打越快，我对它的信心更足了，可以说是到了不可动摇的地步。即使有人要与我赌 1 比 100 我也愿意。

从各种报道中看到，不仅墨绿打这世界冠军的谱，这世界冠军也打墨绿的谱。据说从打谱中得出结论：墨绿擅长绞杀，一旦杀起来就没不占便宜的时候。所以这次这世界冠军的对策是尽量不与对方急战。说是要争取走成细棋，最后用他的收官功夫拿下这盘棋。

这次比赛,虽说是在 IGS 上,但中日韩三国的大电视台都有挂盘讲解。观众比上次又多了不止十倍。我住这里虽然收不到电视转播,但上网总是很容易的。比赛那天晚上,有棋友打电话来说准备通宵不睡,要与我一起从网上看这盘棋。没有人知道我与墨绿的关系,我的这些朋友当然也全蒙在鼓里。我必须要现场伺候,以备不时之需,当然不可能与他们一起看棋。于是胡乱编了一堆理由把他们挡了回去。

十三、三番棋 (3-比赛)

晚上九点 (韩国时间早上九点),比赛开始了。第三盘又重新抽签,墨绿抽到白棋。鉴于上次的教训,我这次买了三个硬盘,每个上面都装上了墨绿程序。如果有一个死了,我可以马上联上另一个,这样三保险就不应该有什么问题了。

由于黑棋的战术是不绞杀,所以开盘到中盘都在走简明的棋,白棋没有杀棋的机会。其实,墨绿并不是一定要走杀棋。那些杀棋都是为对付对方的凶狠棋而算出来的。它总是在计算后走出它认为目数上最优的棋,并不一味追杀。对方走简明棋,没有杀棋的必要。不过这也没有关系,它仍然走它自己算出的对它最有利的棋。这样一来,不知不觉走成黑棋占实地,白棋取外势的结果。110 多手走下来,黑棋的实地是有一些,但外势完全被白棋占了。如此走下去,黑棋必输无疑。网上的评论都一边倒,说是再不打入就没机会了。

果然,在一次长考以后,一颗黑子终于还是投进了白棋的厚势中。这步棋一走,网上看棋的人一下子就炸开了,说什么的都有。有人说这步棋真是妙啊,只有世界冠军才能想得出来。有人说早就该进去了,现在好像太晚了。

网上一片沸腾,我这边也热闹起来。黑棋一打入白阵,墨绿一下子就忙起来。只看见我的硬盘阅读灯闪个不停。对打进来的棋,它有两种处理办法。一是从上面封住,这样还是可以成不小的空。一是把打进来的这一子切断,关起门来杀。这样走风险很大,但从上面封住的走法似乎目数会不够。经过一阵狂算以后,墨绿终于把打进来的黑棋同其大部队切断。这棋一旦被切断以后,就只能靠原地做活,而对方的目标就是不让你做活,一场大战是不可避免的了。于是双方昏天黑地地杀起来。一旦杀起来,墨绿的优势就出来了。一阵乱杀以后,走成了劫。在白棋的空里走出了劫,本来应该算黑棋成功了。但这个劫是个缓气劫,也就是说黑棋赢了劫以后还得再补一步才能彻底活净。这个劫黑棋是非赢不可，而白棋就有很多选择。因为白棋在绞杀过程中已经把黑棋围起来了，也就是说原来的厚势已经有相当一部分化成了实地。利用这缓气劫，白棋等于可以在别处连走三步。黑棋不但非活不可，别的地方也不能吃太大的亏，而白棋只需再利用打劫占一点小便宜即可，三个小便宜加在一起就大了。十几手劫材交换下来，黑棋已经没有大劫可找，而几乎白棋找的任何劫黑棋都得应。最后，只好丢卒保车，对墨绿在角上找的一个劫不应了。中间这块棋总算活出来了，但原来活生生的一个角被白棋弄死不说，另一个角也被弄成两目活，又损失了十几目棋。这一交换下来，双方现在的目数是盘面相同，也就是说黑棋贴不出目来。打劫过程中一切味道都被走尽了，黑棋再也没有地方可以把这七八目棋找回来。一阵长考以后，黑棋投棋认输。

黑棋的认输并没有在观棋者中引起太大的惊诧。因为从打劫开始，大家就已经意识到黑棋不行了，输赢只不过是迟早的问题，除非白棋走昏招。但大家都知道白棋是几乎从来不走昏招的。墨绿的众多支持者们到现在也没想通第二盘是怎么一回事。

十四、三番棋以后

三番棋下完的当天中日韩三国的报纸就有了报道。因为世界冠军是韩国的，所以他们的报道比较偏向于黑棋。说是前半盘都是黑棋占主动，如果黑棋早一点打入，情况会如何如何。言下之意黑棋本来是很有希望的。中国的报道感情色彩比较重。因为好几年以来，中国的棋手都是因为这个世界冠军而输掉了重大国际比赛。这次看到终于有人把他赢了，而且赢得很干净，难免有点幸灾乐祸的心情。评论中充满了带感情成分的词语。什么"天王杀手被绞杀""铁官子无官可收"等等。日本的报道没有什么感情成分，基本上是照实报道，说这盘棋是墨绿完胜。也就是说黑棋从头到尾没有什么机会。一般来说，人们说完胜大都是说黑棋，因为黑棋先下，有主动权。如果说白棋完胜岂不是说黑棋还没下就输了。我觉得事实就是如此。墨绿现在已经有让人类最高手一先的实力，而且又不会走昏招，下平手的话，当然是黑棋还没走就输掉了。

原来说好胜方可得五十万美元。而且我已经告诉了主办单位我在瑞士的银行账号。但三番棋结束一周以后还不见有钱进去。发电子邮件去问,主办单位说是要搞一个隆重的发奖仪式,其主要目的就是要见一下墨绿其人。因为他们觉得五十万美元花出去,连人影都没有见到,有点不甘心。但我坚持不参加什么发奖仪式,说是宁可不领奖。只要他们丢得起这个脸,我不领奖也没有关系。当然,这个脸他们是丢不起的。堂堂大企业,说了要给五十万美元,怎么可能不给呢。相持一个星期以后,他们还是放弃了一定要见人的要求,把钱打到了我给他们的账号上。

想要见人的还不光是主办单位。许许多多墨绿的支持者也在各种 BBS、新闻组里提出,赢了世界冠军算是功成名就,应该是墨绿露面的时候了。墨绿的电子信箱两天之内就爆满了。基本意思是墨绿不应该让这么多支持者失望,应该满足大家的要求与大家见面等等。

墨绿到底是谁的话题从来没有停过,这次三番棋以后,这个话题几乎成了各个与围棋有关的 BBS 的唯一话题。

十五、神秘消失

猜墨绿的身份当然以 BBS 和新闻组最热烈。因为这里没人控制,猜什么的都有。有一天,有一张帖子说,根据他对墨绿的棋谱的分析,墨绿很像一个计算机程序。他还列出了许多证据来支持他的观点。

世界上的许多事,主要是没有人想到。一旦有人想到了,你就会发现问题其实早就很清楚。由于现在人们知道的最强的围棋程序只有业余四级左右,墨绿的实力却如此之高,人们几乎从来没有朝这方面想过。现在有人朝这方面想了,而且提出了许多证据。人们才发现果然是很像,并且有越来越多的人提出了新证据。比如墨绿打字出奇地快,许多人在 IGS 上与墨绿对话,总是刚打完送出去就收到回话。这些回话都是我事先编好存在它的记忆里的,回答起来当然快。大家现在意识到不可能有人打字能这么快,而且它有时答非所问。还有人说他曾经看见过墨绿同时下两盘棋,而且同时落子。那其实就是上次抓耍赖的人的时候,当时正在下一盘棋,耍赖的人进来了当然不能放他走,于是马上另开一盘。因为那盘棋已经是墨绿大胜的棋,没花太多工夫就拿下来了,没想到就这一次还是被人注意到了。IGS 的管理员也调出了许多历史记录来证实这些指证,问题看来是越来越清楚了。还有许多人给 IGS 管理员出主意，下次墨绿在 IGS 登录的时候用什么样的手法可以判断墨绿是真人还是程序。这点我不是很害怕，因为我可以替墨绿登录，他们不可能判断出来。但是，一旦有人开始往这方面注意了，被证实就只是迟早的事。

三番棋以后我一直在考虑要不要收手。我当初写这个程序的目的就是要战胜人类最高手，现在这目的达到了，似乎到了该收手的时候了。现在的事实是，墨绿已经比当今最强手还强。如果总是赢，就少了激情。这墨绿维护起来还是很花工夫的，没有激情的事我就不太愿意做。而且，有了这五十万美元，财政上也可以松一松了。最重要的一点是，墨绿的成长来源于进化。如果没有了外来促进因素，就没有了进化的来源。自己与自己下只能产生一些同水平的变种或小小的进步，不会有太大的实力上的区别。长此下去，自己不进步而别人却在追上来，墨绿就会有输的时候。急流勇退，通俗说起来就是见好就收。我正在考虑要不要见好就收的时候，看到了 BBS 上大家向 IGS 管理员提出的如何判断墨绿是否程序的建议。任何事如果拖得太长，就会有漏洞出来。考虑了很长一段时间以后，我决定让墨绿金盆洗手，脱离这围棋江湖。决定做出后，我在 IGS 墨绿的信息栏里留下了这么一段话：

余弈棋于 IGS 五载有加，近一年来下棋过百，皆无敌手。与世界冠军三番棋以后，自认为棋力已可让当今所有高手一先。昔日闻有独孤求败之事，而今方识个中滋味。现如继续盘旋于 IGS，定无先前之激情。有鉴于此，决定从此封盘。他日如有人主持与来年世界冠军让先之下的三番赛，余必随时赴约。

再见 IGS。

墨绿从 IGS 世界中消失，它的爱好者们一下失去了崇拜目标，显得不知所措。有些特别激动的人居然也在 BBS 上说要随墨绿而去，从此不再下棋。说是没有墨绿的围棋世界就好像没了太阳，缺了生气。绝大部分人没有这么激进，只是说墨绿退出 IGS 的一天可以算是 IGS 历史上最黑暗的一天。还有人开始在各个新闻组写回忆文章，仿佛想借此追回失去的美好记忆，让墨绿在他们心目中多留一些日子。

凡此种种，大家对墨绿的讨论非但没有因它的消失而停止，反而变得更加激烈、生动，而且讨论范围不再局限于网上，连报纸也开始加入讨论。这就有了我们文章开始的那一段《人民日报》评论。

墨绿在 IGS 宣布封盘的第二天，IGS 网管在 IGS 登录首页加入了醒目的大字横幅：

墨绿是 IGS 永远的骄傲！

后　记

当今最强围棋程序不到业余三级，与职业棋手的差距可说是十万八千里。本文属幻想文字，里面提到的技术手法，虽然都是现在大家正在研究的，而且有些已经被用在一些程序中。但想法和具体执行还有很大的距离。我在文章中完全忽略了具体实现的问题，所以才会有墨绿这样的理想结果出现，这不过是表现了我们的一些梦想。另外，我自己的棋力大约只有 IGS 4D*，对职业高手们下棋时的思路并没有真正认识。但我相信，真正有实力的程序的出现，一定要有这些职业棋手的参与，单纯靠计算是不行的。据说深蓝设计组请了好几位职业国际象棋手做他们的顾问。不过，即使有专业高手介入，围棋计算机程序的任务还是很艰巨的，可谓任重道远。围棋与国际象棋完全不同，对计算机的要求要高很多数量级，要在程序上突破，单靠深层搜索是不行的，必须要有思想上的突破。我个人认为，20 年内不会有围棋程序战胜人类最高手。但梦想是一切新事物的动力，没有了梦想，人类就会停止进步。我有了关于计算机围棋程序的梦想，遂有了这篇文字。

(2004 年 2 月 9 日于美国波士顿西郊)

再版后记

写墨绿的时候，计算机围棋的能力还非常弱，当时估计 20 年内不会有达到专业初段水平的程序出现。没想到，谷歌利用深度学习的手法训练出阿尔法狗，不但有专业水平，甚至战胜了人类世界冠军。2016 年阿尔法狗与李世石的五番棋，以

4∶1 胜出，从此计算机程序超过人类，现在已经可以说是把人类抛在脑后，绝尘而去。

有趣的是，阿尔法狗与李世石的比赛过程非常类似墨绿与世界冠军的对决，甚至中间一些细节都惊人的相似，比如输棋后就开始走一些非常可笑的没有道理的棋。阿尔法狗战胜李世石那天，中国一个围棋网站上把墨绿放到首页，并加导读说："今天是墨绿最闪光的一天。"有评论说，如果不把它当科幻来读，墨绿可以说是阿尔法狗的使用守则。

回头来看，墨绿用的遗传编程算法与阿尔法狗的深度学习还是不一样的。深度学习的各层都是定好了的，学习过程就是调整各种参数（只不过参数的个数非常大）。而遗传编程是自己产生程序，发展空间比深度学习大得多。阿尔法狗虽然能赢世界冠军，但它本身是没有任何智能的。真正的智能不应该在固定框架下形成。遗传编程或许是一条路，或者还有别的路，但深度学习的路不太可能产生真正的智能。从这个角度来看，虽然阿尔法狗把人类围棋抛在脑后，墨绿还是有其独特的价值的。

(2020 年 11 月 15 日)